| 西安美术学院建筑环艺系教学成果丛书 |

新 环 境　　新 意 识　　新 设 计

心·视·界

毕业设计教学实践与思考

周维娜　周靓　李媛　编著

中国建筑工业出版社

西安美术学院建筑环艺系学术委员会：

组　　长：　周维娜

副 组 长：　孙鸣春　刘晨晨

小组成员：　李方方　濮苏卫

　　　　　　周　靓　李　媛

　　　　　　华承军　王　展

　　　　　　王　娟　胡文安

　　　　　　海继平　梁　锐

序

西安美术学院建筑环境艺术系在 1986 年开设的环境艺术设计专业的基础上，于 2001 年成为独立系级建制。除原有本科学士学位授予权和硕士学位授予权外，2005 年获准为博士学位授予点。2015 年，建筑环境艺术系分别成立空间设计、景观设计、风景园林、建筑艺术等四个专业方向。在课程设置上有了更细致的调整和提升，专业方向上能够坚持立足本土文化的传承与保护，以追求当代环境的设计与研究，放眼于探索人类未来发展复杂多变的环境需求为目标，从新环境、新设计、新意识等多个角度和领域进行了探索与研究。

新环境、新设计、新意识不但是本年度两册丛书的主标题，也是未来每年计划推出的系列丛书的方向，更是环境艺术系未来发展的主旨。

从新环境的视角来探讨环境设计学科的发展具有非常重要的意义。在当今这样一个兼容并蓄、开放包容的时代，新环境的特征体现了一种学科专业对和谐社会发展的诉求。就当前多元并存的社会发展方向而言，新环境下最具竞争力的核心是设计文化。

新设计主要体现当下环境设计所触及的多方面的现象和问题，其中既有从当下的社会问题角度深入解决探讨，也有从人类未来发展方向进行切入，还包含对某个具有争议的具体问题进行辩证的思考和研究，同时也有对以往的传统课题进行反思推敲和提升的关注等。无论从哪一个角度进行的设计活动，都将秉承注重以人为本，注重贴近生活，注重文化的传承，注重社会核心价值的理念。

新意识则体现一种价值观、一种信仰和个人的智慧。重塑和紧抓新意识这个关键词，对培养和塑造学生的思想素质、道德修养、价值取向、生活方式等方面将起到积极的作用。

高校作为产学研一体的教学单位，在实践与探究中应该深刻认识到：对传统教育需要进行不断的分析与反思，对新课程改革理念要进行不断的补充与提升。在着重构建专业理论基础与实践体系的同时，强化对课程体系评价的内容、方法与制度等不断更新的意识。

总之，新环境是教育的基础，新设计是创意的重点，新意识是教师队伍导向的关键，学生则是最终成果的保障与体现。确保这四大要素是未来设计教育教学工作的重中之重。从两册丛书中可以看出近年来的建筑环境艺术系试图通过设计教育的思考与教学实践，努力反映当代社会价值与文化价值的缩影，在传承传统文化、培育核心价值等方面所取得的成果。希望在以后的教学创作与科研中，能够进一步形成团结、和谐、进取、向上等良好的发展态势，勇于创新、善于突破与提高，再创佳绩。

西安美术学院院长 郭线庐

2015 年

自　序

用心去触摸"心灵"！用心灵去开阔"视野"！用视野去升华"境界"！

"心"是生命的主宰，是生命脉动的原动力，我们除了认识它永恒不变的价值之外，更重要的是认识由生理转化为心理状态下的意识升华，即用心去"触摸"心灵。然而，心灵是一种态度的体现，解析开来，这种态度又融汇于三个维度之中——"热度"、"精度"与"深度"："热度"是指只有热爱才能专注，兴趣是成功之母，青年人要有极强的好奇心与求知欲；"精度"是指要具有分析研究的能力，钻研探究的精神，在我看来，精益求精是一种美德；"深度"是指要用脑思考，用心挖掘，不断探索知识的核心价值之所在，本科虽以通识教育为主，但对于西安美术学院建筑环境艺术专业的学子而言是不够的，在后工业化时代背景下的今天，更需要学生具有专业精深的综合素养。

四年的学习历程，留下了太多的痕迹，同学们的心路历程也有着很多的曲折和坎坷，每颗心脉跳动的同时，都是对知识的渴求，对专业的潜心，对哲理的思考，对自我价值的反思与梳理。当代环境设计已经是由更多门类的人文艺术和科学技术支撑、汇聚在一起的综合性学科，在意识、观念、方法等更深层次上需要更多的相互借鉴、渗透，并启迪创意与激发创造力，这一切都需要由心而发，用心灵去感受人类与环境共生发展的脉动过程。

"视"是对事物表象的基本认知状态，由于有"视而不见"的太多可能性存在，使得"视"在专业领域中突然变得复杂而多变起来，使视觉不再是"视"的本身，进而出现了视觉的升华——视觉背后的价值，即"视野"。如何使我们的视野具有"穿透"表象的能力，是我们发现世界并潜心研究和探索的重要内容。解析开来，"视"的意义亦体现在三个维度之中——"宽度"、"广度"与"锐度"："宽度"是指在这个具有跨界特征的大设计时代，设计不再受限于边界，设计在创造生活方式的同时也被生活方式所深刻地影响着，因为生活方式为其提供了无限的可能性；"广度"是指学科的综合性与多元化趋势不断要求扩大知识涉猎面，设计引领生活，从某种意义上说是对某种生活方式的创建，要做到这一点，青年人应具有综合的素养、宽泛的知识体系、完善的人格，才能跳出唯"物"论的观念而不断创新；"锐度"是指青年人应培养自己成为既有艺术家气质，又有哲学家的头脑，既有敏锐的视觉，还有敏锐的洞察力与批判质疑精神的人。

"界"是局限的另一种解析，在通常意义下"界"的存在会使物体、空间具有大小、轻重等方面的客观参数，但当界与心灵互构时，情况即不再是客观参数所能描述，界的概念将会以境界的完整状态展现出来。"受界于身，无界于心"，形成我们对当代建筑与环境设计观念更深层面的认知。解析开来，"界"的内涵也体现于三个维度之中——"高度"、"厚度"与"超度"："高度"是指要有探究专业高度和学术视野高度的能力，正所谓："取乎其上，得乎其中；取乎其中，得乎其下；取乎其下，则无所得矣"；"厚度"是指厚德载物、厚积薄发，"厚"代表着积淀、包容与博大，青年人应以此为标准，更要学习"君子以厚德载物"，使自己具备崇高的为人之道及博大精深的学识素养；"超度"是指育人的终极目标，是指一种睿智并具有远见卓识的智慧，是指做人的精神之所在，青年人应勇担社会重任。

心、视、界三维互构，共生共存，成为新一代学子专业学习、心灵成长的价值体现！

本书力求完整地记录建筑环境艺术系 2015 届毕业设计与创作课的教学过程，记录老师们如何从无到有的引导、帮助同学们完成毕业设计，更重要的是记录同学们如何用心体验、研究与表现其对人居环境、自然生态、技术发展、绿色设计、人文关怀等方面的思考，并通过视觉语言呈现出无界于心的新境界。本书亦汇集了 2015 届毕业设计的优秀作品，以期与业界及社会各界关注、关心、关爱西安美术学院建筑环境艺术系发展的同仁、朋友们探讨和切磋。

与此同时，再次感谢指导教师孙鸣春教授、王娟副教授、濮苏卫副教授、周靓副教授、胡文安副教授、李媛副教授、刘晨晨副教授、梁锐副教授、华承军副教授、王展副教授、海继平副教授，以及樊凡讲师、裴俊超讲师、王晓华讲师对学生的辛勤指导与付出！感谢吴文超、张豪、李晓亭、屈柄昊、胡月文、毛晨悦、李昌峰、鲁潇、程璇、石志文等老师和学生为该届毕业展的顺利进行所付出的辛勤劳动！

建筑环境艺术系主任　周维娜

2015 年

目录

第一章 心

　　"心"是生命的主宰，是生命脉动的原动力，我们除了认识它永恒不变的价值之外，更重要的是认识由生理转化为心理状态下的意识升华，即用心去"触摸"心灵。

教学计划

课程性质、意义、目的（综述）

毕业设计与创作是本科教学计划的最后一个重要环节，是落实本科教育培养目标的重要组成部分，也是授予学士学位的重要依据。其主要目的是培养学生综合运用所学知识，理论联系实际，独立分析和解决问题的能力，启发学生的创新精神，提高学生的实践能力，使学生得到从事专业实际工作的基本训练。

教学时间计划

2015 届毕业设计与创作课程始于 2014-2015 学年第一学期的第 15 周，终于第二学期的第 19 周，共 23 周。

第一学期　　（15-16 周）：毕业设计与创作的理论授课；

　　　　　　（17-18 周）：毕业实习与毕业设计选题时间；

假　　　期　　依据经老师同意后的选题，展开毕业设计与创作的第一阶段；

第二学期　　（1-13 周）：深化设计内容、模型制作、展览形式和实施办法；

　　　　　　（14-15 周）：毕业设计与创作布展及展出时间；

　　　　　　（16-17 周）：填写毕业手册时间；

　　　　　　（18 周）：授予学位时间；

　　　　　　（19 周）：办理离校手续时间。

教学内容与课时计划（综述）

2015 届毕业创作与设计的教学内容主要包括 4 个部分，即理论讲授、毕业设计与辅导、设计调研、毕业设计选题范围。在理论讲授部分，课堂教学需将学生四年所学的全部专业知识板块综合性地进行系统梳理与回顾，其中包括了知识结构的分析，各课目重点知识的分析，各课目重点知识的应用特点，各课目与毕业设计关系的分析；还需向学生展开经典设计作品的解析与点评，如对早期经典作品的回顾性总结，对最新优秀设计作品的推荐与评价，对我系以往优秀毕业作品的展示和点评等；还需对毕业设计的选题方法进行讲解，包括选题范围与特点、选题注意事项、选题参考、选题案例分析等；这部分内容还包括毕业实训及对展览相关问题的讲解，如对毕业展览具体展示特点的阐释与案例介绍，对展览与毕业设计关系的阐释，对展览涉及的技术手段的介绍及展览的具体注意事项等。总之，理论讲授部分将解决所有具有普遍意义的毕业设计事宜。在毕业设计与辅导方面需要老师对教学投入更多的精力、智慧与耐心，因此该阶段需要注意的事项较为单纯，故而主要包括两方面的内容，一是选题自定并制作出一套完整的专业设计作品；二是在课堂辅导上需采取一对一的模式，并针对学生在创作中遇到的共同问题进行统一答疑。在社会调研方面，要求展开两个方面的调查研究，毕业设计开展之前是针对项目的社会调查，且完成较为翔实的调研报告，此外，于毕业设计制作之前还需展开工艺调研，并完成相关的工艺技术列表。在毕业设计选题范围方面，教师应着重强调主题要求、选题范围、作品形式、多媒体表现及具体展示效果等内容，其中，对于主题确定要引导学生力求探索环境艺术专业的多元性、文化性、技术性和当代特征，力求探索当代与未来空间环境与人的健康需求的关系问题，还应针对当今人类所面对的可持续发展问题，努力探索一条可实施之路；对于选题问题，可采取较为灵活的双向选择；对于作品形式要按照教育部对于本科毕业设计的规定，每组人员不得超出 4 人；另外，要着重强调展示方式与效果，总体效果应有统一整体概念，个人展位设计应突出作品主题并与其风格、思想、特点相吻合，力求新颖，富有创意，展板版式设计应新颖、现代、统一、协调，模型设计与制作应以概念为主导并按具体要求相应增加声、光、电效果，展示理念与形式应力求在互动性上有长足的进步，多媒体演示画面应富有较强表现力，各组可依据课题特点相应寻找适合自己的展示形态（详细内容见表 1）。

2015 届毕业设计与创作教学内容与计划   表 1

序号	类别		内容
1	理论讲授	专业知识系统回顾	知识结构分析
			各课目知识重点分析
			各课目重点知识的应用特点
			各课目与毕业设计关系分析
		经典设计作品解析	早期经典设计作品
			最新优秀设计作品
			本系以往优秀毕业设计作品
		毕业设计选题方法讲解	选题范围与特点
			选题注意事项
			选题参考

1	理论讲授	毕业实训	
		毕业展览相关问题讲解	毕业展览的特点
			展览与毕业设计的关系
			展览涉及的技术手段
			展览布置
			展览注意事项
2	毕业设计与辅导	毕业设计创作要求选题自定，设计制作一套完整的建筑环境艺术设计方向的课题作品，并参加学院统一组织的毕业设计展览	
		课堂辅导据设计进度而采用一对一的模式，并针对学生在创作中遇到的共同问题而进行统一答疑	
3	社会调研	项目调研要求在毕业设计展开前，进行一次与创作选题相关的社会调查，并完成一个简单的选题调研报告	
		工艺调研要求在毕业设计制作之前，进行一次相关项目的工艺调研，并完成调研列表	
4	毕业设计选题范围	主题要求	力求探索环境艺术专业的多元性、文化性、技术性和当代特征
			力求探索当代与未来空间环境中与人的健康需求关系问题
			针对当今人类所面对的可持续发展问题，努力探索一条可实施之路
		选题范围	采取导师组宏观指导，学生可自由选题，亦可与老师沟通选题或由老师推荐选题
		作品形式	每人 3 米展板，规格自定，每组不得超过 4 人
			概念性模型一组，规格自定
		多媒体形式	规定内容之外的其他形式需与导师沟通，并征得导师同意后方可
		展示效果与要求	总体效果应有统一整体概念
			个人展位设计应突出作品主题并与其风格、思想、特点相吻合，力求新颖，富有创意
			展板版式设计应新颖、现代、统一、协调
			模型设计与制作应以概念为主导并按具体要求相应增加声、光、电效果
			展示理念与形式应力求在互动性上有长足的进步
			多媒体演示画面应富有较强表现力
			各组可依据课题特点相应寻找适合自己的展示形态

实施细则（综述）

1. 阶段性任务：
- 下达阶段性毕业设计任务
- 毕业设计开题考察与实训
- 完成毕业设计开题报告
- 制定设计计划
- 完善毕业设计
- 制作完成
- 毕业展览

2. 时间安排： 自 2014 年 12 月 10 日至 2015 年 6 月 6 日展出，为毕业设计主体性阶段的全部时间，以此时间跨度为准，将其划分为 6 个阶段

一阶段(1-4周)	毕业设计开题考察、实习 完成考察报告，确定开题方向，撰写开题报告初稿 完成毕业设计开题报告
二阶段（假期）	利用假期对课题进行深入考察、研究 展开设计一草 开学进行一次打分
三阶段（5-8周）	完善第二阶段构想 展开毕业设计二草、三草
四阶段（9-10周）	确定主题与主体空间形态创意，设计细化，草图深入，同时准备后期制作及模型制作 进行二次打分
五阶段（12-18周）	进入紧张的制作阶段，并对课题进行深入细化、推敲、完善 进行毕业设计终期审查，检查完成情况、深入情况、质量情况，为展览做足准备 进行三次打分
六阶段 （2015.6.6-10）	进行毕业设计的布展与展出 学生需自行设计各自展场 进行四次打分

教师心语

在具体教学过程中，各位老师于总原则的基础上，亦根据自己的指导方向、学生情况，提出了相应的实施手段与方法，体现了2015届毕业设计与创作课程统一性与多样性、多元性相结合的特点。

具体而言，如孙鸣春老师、王娟老师在指导一班的时候，提出了3个原则：1）强调设计学科的毕业生在设计的核心竞争力观念上的认识问题，即发现与开拓新的研究角度的设计能力与思维意识。2）打破传统以图纸表现为主体的课题推进逻辑，努力从二维表现走向四维空间精神的营造。他们认为："设计的最终形式不一定是一个宏大的内容，它可以是一个角度，一个抽象概念，一个其他学科的话题等，设计本身的意义在于将一个奇巧的观念表达得疏朗和通透，叩响人们精神领域的共鸣！""设计工作的本身就是将不同观点通过专业语境表达在一个具体的物化形态中，理念是探讨的本质问题，手段、方法则可以根据主体创造出来，核心工作是如何贯彻最初的发现，在长达半年的设计推进工作中研究出属于它自己的发展轨迹，并保持设计之初的鲜活面貌"。3）最终的展示应是一个统一的环境场，在大的环境语境中，每个小组又有自己独立而又鲜明的设计面貌，故而，将空间、物态、社会思考等方面确定为研究板块，形成以研究性为主导，以学科交叉为方法，以空间表达为手段的实验性毕业设计课题系统。4）具体的指导应因材施教，面对面的交流与推导是不可或缺的，它能够帮助学生从庞杂的信息思维中剥离出清晰的方向，始终留在设计的主体轨迹之中，贯彻好设计的最初理念，与此同时，不同设计小组的集体交流会让学生固守的思维保存应有的弹性，不同的研究方向与方法在一起碰撞之后，观念的交叉又带来新的角度，各组之间的相互了解，也有效地使他们成为一个为相同的终极目标共同努力的团队。5）在方案推演阶段，施行"论战"方式，开展不同课题组之间的交流，不但促进了设计的阶段性成型，且使学生的设计思维更加成熟与活跃。

孙鸣春．王娟老师指导照片

李媛老师在指导二班的时候认为："城市是一个多元、矛盾、复杂、孵化甚或是荒谬的综合体，充满了无数的可能性与契机，对与错已被更大的价值所替代，可把握与参照w要维度，在系里关于毕业创作与设计总体目标的基础上，制定了局部的主题与微观目标，亦即此次毕业设计在"心·视·界"理念的指导下应认真研究如何能让学生通过毕业设计升华到新的技术境界、认知境界、意识境界。此外，整个过程应始终兼顾两方面内容的学习，一是对以往四年所学知识的有机组织、综合运用及整体水平的提高，另一方面是将毕业设计视为一场从学院走向社会的预演，通过这场预演，要让学生有机会去接触社会、了解民生、认识生活，据此设计选题以两个角度为主：即以解决社会问题为主的角度和以关注弱势群体生活需求方向为主。与此同时，在针对毕业生个体而言，应使他们提升技术水平、认知水平、意识水平，应培养其理论与实践相结合的能力，应引导他们关注社会问题且在设计伦理上注重为弱势群体的生活需求提出科学、合理的解决途径，应树立创造合理、生态、绿色、健康的人居环境的终极理想。

李媛老师指导照片

濮苏卫老师在指导三班过程中，以对阶段性质量从严控制与制定切实而可达的目标为基本和重要的手段与方法：在选题范围上，以"概念性设计选题、五校联合命题设计、实题性设计选题、概念性与实题性设计选题相结合"为主；在选题要点上，要求概念性选题务必对前沿性问题予以关注，选题应充分结合专业优势与自身优势，要求基地环境的真实性，要选择适度的选题规模（小题大做），要与自己的生活体验相结合等；在方案制作上，设计思想、展板要充分体现构思阶段的内容；在设计完成度上，展板要充分体现技术细节的完善以及平、立、剖类图纸的规范化要求，此外，还强调了过程性概念模型的制作与效果体现问题。针对学生对设计本质理解的角度与深度问题，濮老师尤其强调"面对纷繁复杂的设计问题，只用头脑是不够的，优秀的设计师必须具备将技术有效转化为情感表达的能力，亦即由'技术冰冷'向'情感鲜活'的转化，优秀的设计作品更应具备宗教所说的'直指人心'的作用"，"技术与情感是设计不可回避的两个问题，逻辑思考解决不了'情感'的问题，要用'心'，用'心'是设计师将'技术'转化为'情感'的唯一途径"，为此，将"五感"教学法引入毕业设计与创作的教学中，引导学生要用"心"选题、调研、感受。

濮苏卫老师指导照片

周靓老师在指导三班的时候希望毕业设计能够激发学生的自主创造的能力，让学生加强对设计对象的理解，明确设计的创作意图、设计方法和程序。培养学生的体系性设计思维模式与设计习惯的养成。在选题方面，主要体现为概念性选题、前沿性选题、真实性案例选题、对老选题进行创新性提升的选题等，即使是有争议的选题，都可以拿来作为设计的前期预期定位，可以是宽角度和多方面的，在总体把控上，同学们不要贪图过大的选题，最终容易空洞难以把控，鼓励同学们在自己能力范围之内尽可能地把题目做得深一些、扎实一些；在时间节点的把控上，要求同学们以小组为单元进行分组课题论证，并且以小组为单位制定出各自的毕业设计时间计划表，或者也称为倒计时时间计划表，倒计时时间表有利于同学们对整个毕业设计时间阶段有效地进行把控和分割；在进度推进到一定程度后要安排各小组同学根据自己所设定的毕业设计课题进行外出调研学习，并组织同时制定毕业设计定位报告书和填写毕业设计开题报告；在方案进展的过程中进行单组同学的单独辅导和多组同学的共同汇看相结合的授课模式；模型的推敲过程和草图方案进度需要同时推进，才能保证最终方案在空间尺度和合理性上能够落地；整个设计辅导过程中还应根据每组毕业学生具体情况和完成课题进度情况来设定具体方法、设计定位与指导工作，最终目的是注重培养学生独立思考、分析和解决问题的能力。

周靓老师指导照片

刘晨晨老师在指导四班的时候认为：此次毕设不同于以往题库命题式教学，在具体指导四班的时候应注重让学生挖掘生活中所观、所想、所看，关注当代人们对环境的需求与感知，利用四年所学的知识进行抽丝剥茧，找到具体的研究思路和目标。强调理性、条理化、秩序化的指导方式，将学生的具体课题定位于：城市巷道空间研究，水的研究，＂织＂的研究，＂耕读＂的研究。在明确研究课题后，旁征博引，从社会效应、文化情感、环境心理、空间技术、艺术认知等多方面围绕课题进行展开式教学，并以中国式设计思路进行主线引导，技术性知识进行创新辅助。明确华夏文明在当代的创新价值。培养学生在创新设计能力的基础上全面加强学生对传统文化当代价值的认知，塑造中国年轻一代设计师的历史使命感。课堂学习与游学相结合，加强学生对设计创意的实践性与可操作性进行深度学习。要求调研西安市及家乡城市相似空间进行对比研究。从调研中发现问题，引发解决问题的思路。鼓励学生多角度考量环境价值以及艺术标准，引导学生从受众群体的角度考虑环境需求问题，并通过专业角度进行需求的正面与负面剖析，学习客观全面地认知设计。

刘晨晨老师指导照片

王展老师指导照片

华承军老师指导照片

　　华承军老师在指导五班时认为：应认真研究每一位同学在相关专业学习期间，所掌握的设计基础和理论基础，强调综合能力。针对学生过去三年学过的知识，帮助学生进行梳理，指出其在毕业设计中必须掌握的知识结构体系，为学生步入社会，投入实际工作，构建良性的专业成长轨迹，培养理论与实践的应用能力，打造坚实的设计信念和审美能力。在具体的指导手段与方法上，根据学生各自的特点，在教师引领下自由组合成毕业设计小组，以组为单元完成毕业设计创作，并各自独立完成相关的毕业设计论文。从城市阅读开始，让学生走进社会，用自己的眼睛和心灵去观察和感受设计，发现并找出问题，为毕业设计奠定基础。积极展开互动式教学，教师和学生进行一对一，一对多或小组与小组之间展开经常性的讨论。借助网络平台，利用多媒体手段向同学解析国内外优秀设计案例，分阶段开展导师制的毕设评价汇总课程。

海继平老师在指导六班时认为：启发与引导是教学的主要手段，应提高学生的独立思考能力并为后续创作实践活动奠定基础，应摒弃在设计行为中人云亦云的现象，培养学生独立的创造精神。强调在毕业设计的整个过程中，都应本着开放性的指导原则，合理地进行规划设计，还要科学配合与组合，突出主题和个性，真正用"心"去创意，以全新的"视"角改变自己的思维模式。广泛进行选题，给予准确定位，运用系统、富有内涵的设计表达彰显自己的特色与风格。学生与老师之间的交流和互动，学生与学生之间形成浸泡的关系，全身心地投入到设计之中，对每个人来说是设计交流氛围的渲染，是精神层面的升华。对于选题，要求选择当前受关注的，具有社会价值的题目，广泛地发现问题，洞察身边人与事；对于定位，强调不论选择什么样的题目，要以不同视角进行剖析与研究，拿出自己的见解和观点；对于创新，强调经得起打磨的作品或者说具有生命力的事物，往往在技术层面、功能层面具有突破与创新；对于表达，学生无论是选择概念性设计还是实际项目设计，都应该予以清晰的定位，不断地探索创新精神，具备品质的表现形式，进行完美的创作。

第二章　视

　　"视"是对事物表象的基本认知状态，由于有"视而不见"的太多可能性存在，使得视在专业领域中突然变得复杂而多变起来，使视觉不再是"视"的本身，进而出现了视觉的升华—视觉背后的价值，即"视野"。如何使我们的视野具有"穿透"表象的能力，是我们发现世界并潜心研究和探索的重要内容。

孙鸣春

西安美术学院建筑环艺系教授，1988 年 7 月至 1993 年在中国西北
建筑设计研究院从事建筑及大型室内公共空间设计工作；1994 年
调入西安美术学院设计系；陕西省美术家协会会员；陕西省美术家
协会设计艺术委员会委员；中国建筑学会会员、 高级室内建筑帅；
"全国师德先进工作者"、"陕西省师德标兵"获得者，长期从事
环境艺术设计的实践与教育工作，是建筑环艺系学科带头人之一。

王娟

1995 年毕业于西安美术学院附属中等美术学校

2001 年毕业于西安美术学院设计系获学士学位

2008 年毕业于西安美术学院建筑环境艺术系获硕士学位

2004 年 5 月获得中国装饰协会颁发的室内设计师资格认证，注册号：
SXX20400093

中国美术家协会会员·中国建筑学会会员·中国装饰协会会员

第一组

《"风空间"探索》

樊璟　李凯　张恒吉　朱睿颖

第二组

《空间界面与行为模式的耦合性探究》

李玫　朱雪　刘竞雄　张心瑶

第三组

《双面的盒子——矛盾空间的启示》

金永玲　宁春雪　胡静怡　张荣

第四组

《城市的"背面"——青知蚁族生存空间探究》

魏晓萌　蒋瑞琴　陈伟　潘晓玲

《 "风空间" 探索 》

作者：樊璟　朱睿颖　李凯　张恒吉

　　课题小组的选题能够从空间设计的边缘问题入手，从物理学、生态学的角度对空间设计的本质意义进行专项的梳理与研究，使本科毕业设计的工作拓展到体系研究与运用的层面，体现了较好的专业综合素养。课题注重风环境在不同空间以及不同时代的综合分析。通过典型空间风环境体系的形成与改变进行基础分析，提取出较为多样并具有科学依据的设计手法，将该系列成果置入对风环境质量有较高诉求的医疗空间环境中，以实例改造的方式对研究成果进行切实的论证。通过路网、种植、地形、水体、建筑分布等景观空间要素的改良与调整，贯彻良性风环境的营造。

　　整体设计从基础研究到成果运用具有较好的逻辑性，技术与艺术的配合相得益彰。设计表现与展陈空间设计结合巧妙，有效地体现出设计的主题内容与核心语言。

　　城市发展的今天，城市风空间一直没有被设计者忽视，作为次要点的存在，以致城市规划及建筑建设都为此遭受着空气循环不和谐所出现的种种问题。风空间是一直影响建筑生产与发展的关键性因素，技术的进步在为人类提供前所未有的消费动力的同时，加剧了不可再生能源的消耗与环境危机。这次课题的目的在于通过城市发展的现状探讨风空间存在的意义，探究如何让风环境在规划及建筑室内产生重要作用，减少过度对技术的依赖，让城市发展更加理想化。

《 "风空间" 探索 》

设计草图

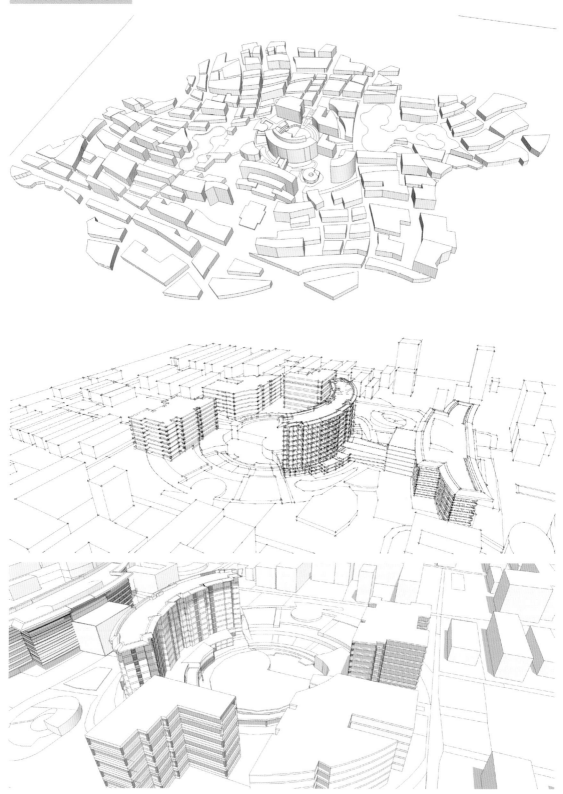

草模

《空间界面与行为模式的耦合性探究》

作者：刘竞雄　李玫　张心瑶　朱雪

　　设计课题组在选题、调研、深化设计以及后期制作布展等毕业设计整个过程中表现出较强的专业思辨与知识整合能力。课题将"无界限设计"概念引入环境空间的研究领域，通过分析人与空间相对性价值，探讨不同环境与心理因素下，两者的耦合关系。试图将抽象的理论概念与实际的空间研究进行探索式的剥离，找到空间践行的核心本源价值。该研究课题体现出学生对环境空间传统知识体系的反思和追本溯源的需求与研究能力，属于较为优秀的研究性课题。模型表现在研究成果的基础上有一定突破性见解，用空间分类阐述的方式将无界限概念传递得较为明确，展陈方式整体协调，亮点突出。

《空间界面与行为模式的耦合性探究》

　　从机器时代到信息时代，设计中不合理之处通过思考量化被改进优化。"无界限设计"试图通过相关资料分析和基于心理学、行为学相关数据的收集进行交叉比对，得出不同空间环境中关于行为和心理感情的趋向性数据，进行室内外和多功能整体性的设计，从而达到符合人们行为、优化人们活动空间的目的，创造出多元化、包容性强的宜居空间，促进情感交流与异质文化的共生。在城市结构中出现的不合理组织形式，成为阻碍城市及坏境的绊脚石。我们通过研究国内外建筑无界限空间的背景到现如今在建筑无界限空间等方面取得一些成果，从空间论的发展历史和关于空间结构的论述中找到空间秩序研究的重点及方向，以及从空间学的不同形态中来感受人们的不同情感与行为逻辑，使空间优化达到最佳状态，从而达到人与空间的有机结合，成为生命共同体。

设计草图

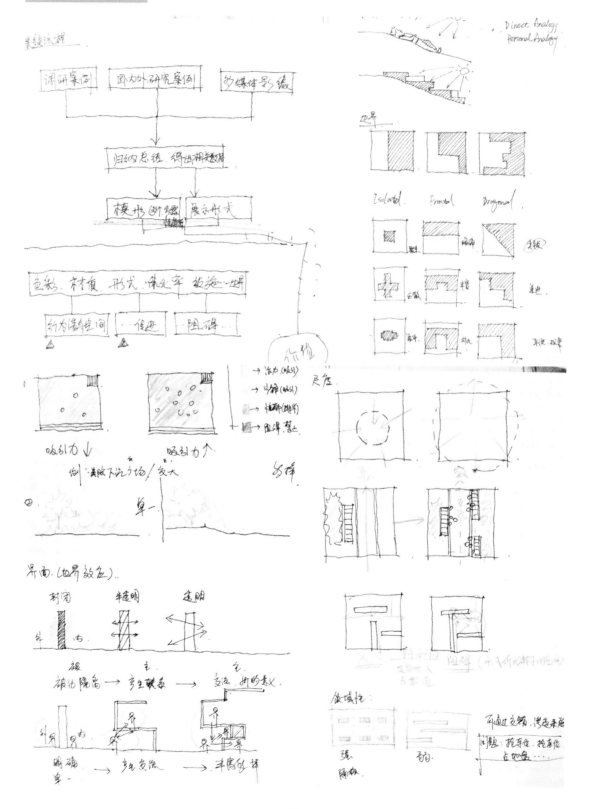

《双面的盒子——矛盾空间的启示》

作者：胡静怡　张荣　金永玲　宁春雪

　　该课题组的兴趣始终在于关注空间的本体意义，研究空间与人的视知觉之间能够发生什么样的关系和对话。选择从矛盾空间的研究入手，揭示空间张力美学的多种可能性，力求将抽象的美学概念通过空间营造的手法具象地展示出来，以探讨空间营造中更为边缘的多义性价值。前期基础研究展现出团队较强的探索思辨能力，涉及面较广，提取点清晰，延展设计推导逻辑性较强。后期模型设计与制作亮点突出，分解方式有效地对主题进行补充与提升。多样的形式与丰富的组合体现出前期研究的深入度与广泛度。整体设计表达与展陈设计能力突出，并将主题思想统一，有效地传达在环境中。

《双面的盒子——矛盾空间的启示》

从矛盾空间着手，在二维设计中找到平面构成的核心价值，以做出具有高效表达能力的抽象概念空间，明确表达出人与空间两者间的相互关系，探究空间的意义和合理灵活分布。以注重"人的感受"为目标，定向设计出一系列体验性空间，从视觉、行动上给人冲击力和产生方向思维的思考。提取城市规划、建筑、室内、景观中的重要元素，用适当夸张手法在元素融合与模型中体现空间张力表现。

设计草图

城市人口与建筑密度表达

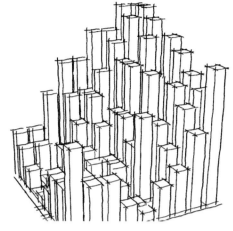

打破图式思维表达张力

二维转换三维的视觉表达

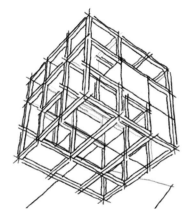

惯性堆叠

逆向表达城市建筑群里肌理

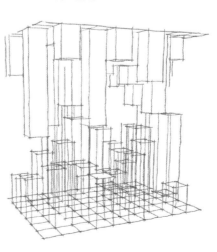

渐变条件下空间进深研究

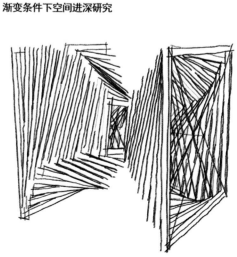

《城市的"背面"——青知蚁族生存空间探究》

作者：魏晓萌　潘晓玲　陈伟　蒋瑞琴

设计课题关注人学生就业初期与社会接轨过程中呈现出的系列问题，将特定时段青年人的心理、生活、工作、社交等问题纳入一个可以让它们交叉共生，因果互补的空间系统中。以不同的空间类型进行有序的组织与疏理，试图以设计生活、设计行为的方式思考并研究该类型空间的切实需求。在设计空间系统的同时完成作品针对性与落实性的价值。该课题组注重作品的社会意义与可实施基础，调研过程扎实有序，对课题的深入起到了良好的推进作用。以环保易搭建为宗旨，选择集装箱作为建筑的主体材料，符合该群体的角色特性，建筑组合形式丰富多变，适合不同的城市环境。整体设计表达从基础分析到效果表现到排版以及展陈空间的呈现表现出较好的序列性、把控性与优秀的专业综合素养。

调研

《城市的"背面"——青知蚁族生存空间探究》

　　《青知蚁族生存空间探究》研究方向最初来源于即将面临毕业后与青知"蚁族"相同的境况与遭遇，因此我们对青知"蚁族"的处境深有同感。此次创作希望能够建造一个合理的、适宜的、有益于青知"蚁族"身心健康的人性化居住环境。通过大量问卷调查和调研，了解到青知"蚁族"的居住环境是脏、乱、差的代名词，通常这一人群工作生活压力导致思想情绪波动较大，挫折感、焦虑感等心理问题较为严重，惧怕与陌生人接触和交流，与外界的交往主要靠互联网并以此宣泄情绪。因此公共空间的设计和利用是我们本次设计的重点，此外空间形式和景观的运用也是我们的要点之一。

设计草图

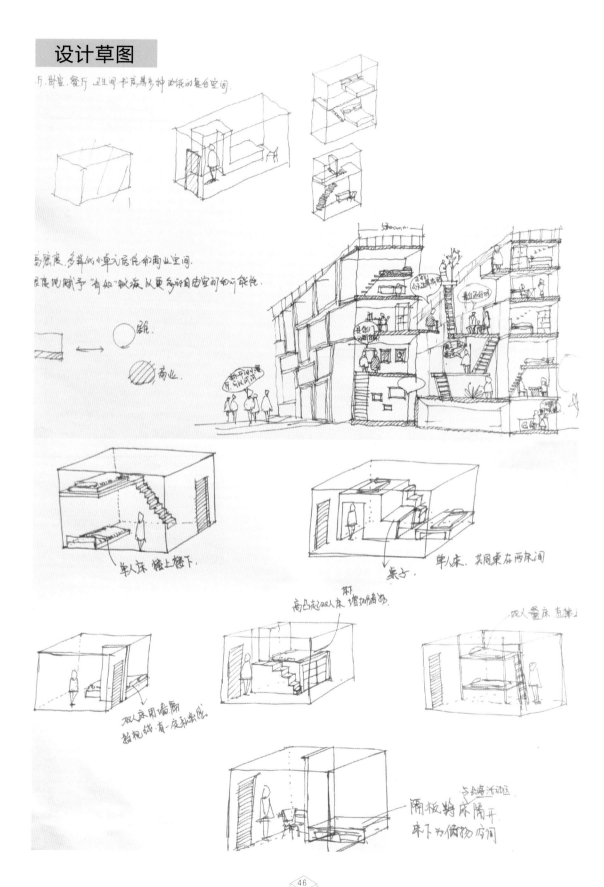

李媛

2001 年获西安美术学院环艺专业美术学学士学位，并留环艺系任教至今

2007 年获西安美术学院环艺专业文学硕士学位

2013 年获西安建筑科技大学建筑历史与理论工学博士学位

2013 年晋升为副教授职称

2015 年任景观设计教研室主任

第一组 《夹缝中的生存——毕业后大学生及弱势群体人居空间设计》

第二组 《参数化城市综合体立体农场设计》

《夹缝中的生存——毕业后大学生及弱势群体人居空间设计》

组员：李旭利 关胜寒 王凯悦 马高博

自大学扩招以来，每年大学毕业生的就业与生存问题已经成为亟须解决的社会问题，而市面上价格高昂的商品房更成为这些弱势群体拥有属于自己的生存空间的最大障碍，该方案即是本着为刚毕业而没有购买力的大学生及弱势群体而进行的空间设计。

在选题方面，该组毕业设计以为刚毕业的大学生及对商品房没有购买能力的弱势群体的建筑、景观及生活社区组团的设计为主题，其关注社会弱势群体，关注底层民众的人居环境建设，具有极强的现实意义，使学生在整个调研、设计与深化过程中，能够更为深刻地理解现实生活，并对设计师的社会责任与设计伦理有了更为深刻的认识。

在空间营造方面，以西安市城中村—罗家寨为落地场址，只因城中村作为随城市不断发展而衍生的人居组团，承载了人文、历史、社会、行为、经济等多层面的因素，如只是一味粗暴地铲平、拆除亦不是科学合理的途径，为了让城中村焕发生机，该组方案将其中的剩余夹缝空间予以利用，根据居住、交流、娱乐、阅读、展览、休闲等功能类型，以各种昆虫及动物巢穴为空间原型，形成内容各异的建筑空间形态，当共同组织在一起的时候便是一个为毕业后大学生设计建造的创意人居环境组团，于是，方案便从意识空间至物理空间，从精神需求至物质需求，皆对这一社会群体的生活给予了充分的关照和思考，并对适应性的空间形态和形式语言给予了寻找、研究与创造，更重要的是研究和探讨了解决现实问题的具有可行性的途径和模式。

在材料与经济适应性原则方面，设计以使用轻质、低廉的材料为前提，以利用城市剩余空间为主要方式与途径，以最大化的创意价值营造了系列性的内外部人居空间环境，力求满足其居住舒适、功能完备、价格低廉、创意新颖的需求。

在展览形式多元化方面，该组同学共完成 42 个创意夹缝空间，在毕业设计展览中，展出了以 12 个小模型所共同形成的 8 米长、2.4 米高的大模型，是设计到创意的特色与亮点。

《夹缝中的生存——毕业后大学生及弱势群体人居空间设计》

研究目标：利用城市狭窄剩余空间，轻型低成本材料，以最大化创意价值为刚毕业大学生及弱势群体营造系列性人居空间，要求大模型一组，小模型若干。

设计草图

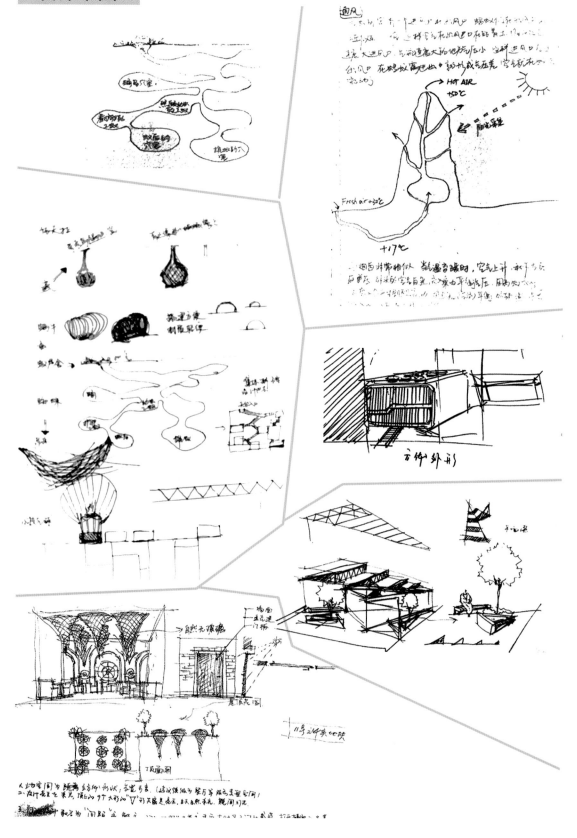

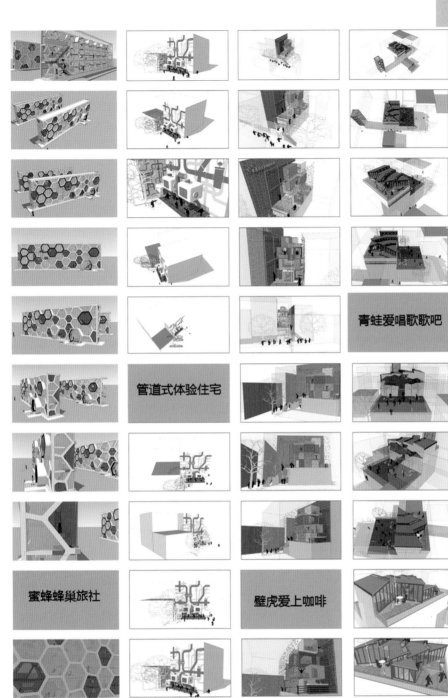
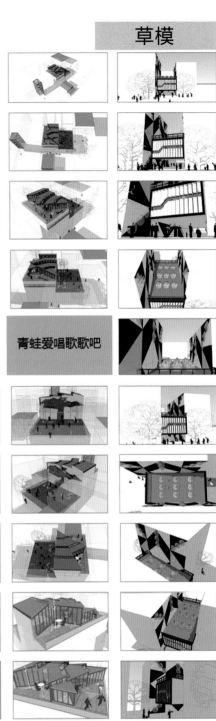

青蛙爱唱歌歌吧

管道式体验住宅

蜜蜂蜂巢旅社

壁虎爱上咖啡

萤火虫餐厅

壁虎爱上咖啡

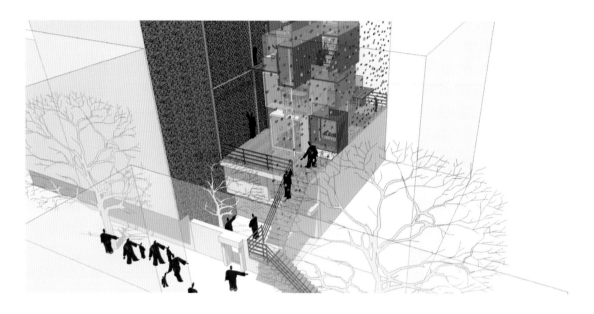

老鼠管道体验住宅

青蛙爱唱歌歌吧

蜜蜂蜂巢旅社

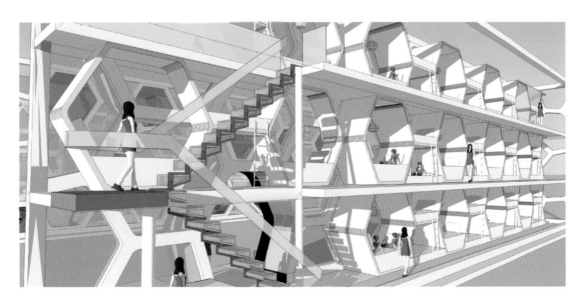

学生感想

经过一个学期的努力,在李媛老师的指导下,查阅了大量的资料,终于完成了令人满意的毕业设计。在设计过程中,最重要的是要有正确的设计思路及整体构思,如果在进行设计前,就清楚主要的任务是什么,那么做起事来,可以减少许多不必要的麻烦,从而达到事半功倍的效果。同时,做设计很讲究心态,态度正确了,设计才会顺利进行。要完成毕业设计,单单有专业知识是远不够的,这是一次全面的综合检验,检验我们在大学期间所学的知识,直接点说,毕业设计就是知识的综合运用;在毕业设计中,有许多问题是之前从未遇到过的,这时,往往要查阅很多资料书才能找到满意的答案,这个过程也许曾让自己很焦急,但是,解决问题的那一瞬间,却充满了胜利的喜悦。

毕业设计是一个过渡时期,我们从学生走向实习岗位的必经之路,在不长不短的设计过程中,我发现遇到什么疑惑应该首先自己独立地解决,而不是未加思考就随便问。同时在设计的过程中老师对我们提出的问题及指导,都消化成为自己的,分析理解各个相类似的设计文案。而这些独立领悟的东西才是真正深入到我们的思维习惯和思维特性中去的内核部分。

总之,我们不但要亲力亲为完成最后的答卷,同时也要取得优异的成绩,自己也就觉得是收获了,也会有一种小小的成就感,因为自己在这个过程中努力过了。在以后的实习工作中,我们也应该同样努力,不求最好、只求更好。

—李旭利

中国狭窄的小场地浪费已成趋势,而人们却不以为然。我们在课题中按照"科学布局、合理分区、功能配套"的原则,思考狭窄空间的组合形式,使之能够成为合理的小空间运用到生活当中去,充分利用小空间,发挥狭小空间灵巧的优势,满足日益发展的需求。小组通过小空间的优化整合力,走精致舒适、环保节能的路来提高空间的舒适性,从而使小空间演绎大空间的魅力。

—关胜寒

《参数化城市综合体立体农场设计》

组员：候君蔚　蒋林彬　李敏尧　包剑锋

　　此设计以对城中村整体粗暴全部铲除的破坏性建设行为为主题衍生背景，以为失去长久居住地的城中村居民的未来生活、生产空间设计为目的，以无土栽培的现代农业体系为生产业态，以竖向超高层建筑的城市综合体概念设计为类型承载，以参数化设计的途径解决日照和结构演算为主要技术手段，形成目前以核心筒结构为中心的流体多维扭转的城市综合体立体农场设计方案。

　　在选题定位方面，该设计具有极强的社会性、现实性，对落地选址城市—西安的具体社会问题予以关注，并相应地、前瞻地提出了解决问题的方法和途径，使学生在设计师的社会责任与设计伦理方面受到了较深的触动与启发。在设计技术支持方面，该组学生自毕业设计开始，使努力克服了参数化设计技术在设计手段与方式上的制约，不仅于毕业设计过程中较为熟练地掌握了这项技术，更能将其学以致用，使方案在结构、形态、日照等方面的参数化设计得到了极大的突破，基本实现了开题的预期目标。

《参数化城市综合体立体农场设计》

研究目标：运用参数化及仿植物生长形态
的完成能满足拆除后城中村居民生存就业
的人居环境综合体。

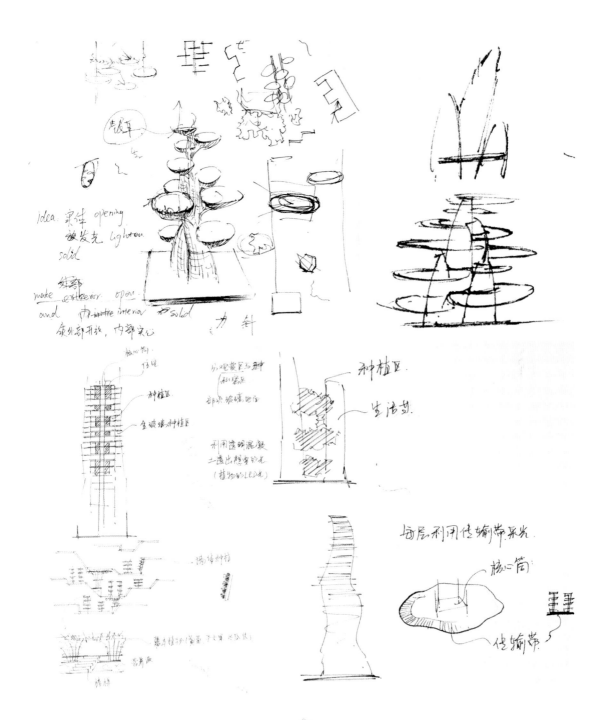

idea: 束性 opening
发发光 Lighton
solid

make exterior open
and the interior solid
束外部开放，内部实心

草模

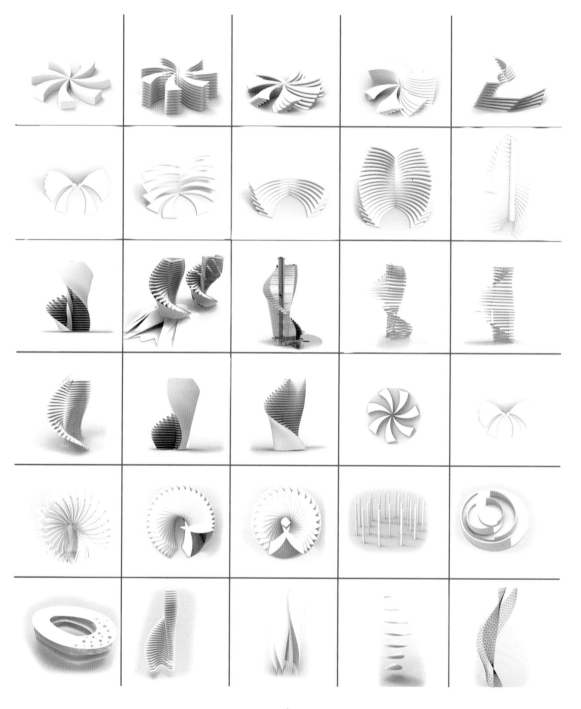

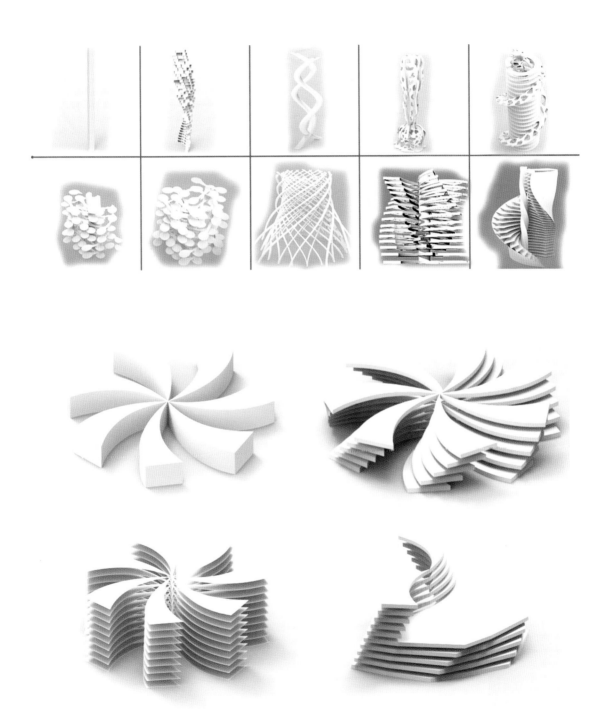

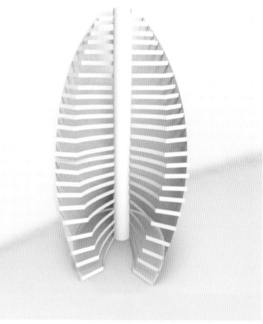

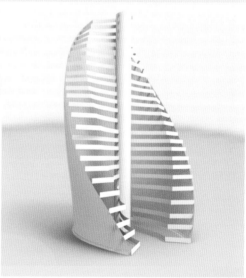

牢记导师的教导："勿以形式套用在设计作品上，应当将功能视为主要，从功能推导出形式。"我们组将这个思路应用在整个毕业设计当中，作为主要的指导方针，最后得出整个设计方案。

依稀想起最初做毕业设计的时候，我们设定的亮点是新奇、科技，又有导师在软件方面的帮助，所以我们便选择了运用 grasshopper 做整个的作品，现在想想实在是大胆而又有些初生牛犊的莽撞，因为我们脑海当中的构思完全是建立在形式上的，所以在后来的过程中犯了浪漫主义色彩严重的错误。

难得后来及时调整战略方针，将形式与功能相结合，又充分发挥出形式的特色，完成了整个毕业设计。

过程实为艰苦，在最后一个月中，我们组里忙内忙外，西安 5 月的天气也是如妖精般折磨人，还好硬件设施跟得上，电脑崩溃的次数也为数不多。

但是在最后的时间里我们站在统一战线上，四个男生全力抗战，再加上亲戚、朋友的大力支持，我们终于有惊无险地完成了最后的展出效果。

在整个过程当中，最值得记忆的就是大家在一起拼搏的感觉，虽然在之前有各种摩擦，但是在布展期间我们确实拧在一起，互相配合。最后一天我们和别的组一起挑灯夜战的感觉实在难忘，从炎热的阳光到夜幕到黄色的场内灯光再到胜利的曙光，不只是展览前一晚，更是整个半年毕业设计的缩写。

—包剑锋、侯君蔚

濮苏卫

1986 年毕业于西北建筑工程学院 , 获工学学士学位。

同年毕业分配于西安美术学院原工艺系新成立的专业环美专业任教 ;

现为西安美术学院建筑环境艺术系副教授、中国室内学会会员。

优秀设计作品曾入选《中国设计年鉴》、《全国美术院校优秀室内设计作品集》 ;

参与学院及社会的重大工程项目有 : 北京朱鹮大酒店 : " 唐乐宫 " 外立面 ;25 层 " 绿云天 " 琴吧 ; 会议层 ; 电梯厅 . 乾陵 " 唐诗苑 " 规划设计 ; 西安美术学院二期规划 ; 三宝双喜幼稚园环境设计 ; 宁波 " 中山广场 " 规划设计等。

第一组 《景观·观景——西美新校区环艺区概念设计》

第二组 《衍》

陈德贺

朱熙

王靓

郭境新

《景观·观景——西美新校区环艺区概念设计》

　　《景观·观景》是对美院新校区的设计做了用心的探索，借助地势形成空间概念，设计融合了空间与环境、室内与室外，一个完全为艺术设计教学提供的创意性空间。

　　艺术设计的教学空间的特点是什么？首先，它应具备教育空间所具备的基本属性；其次，它应彰显艺术设计行业的独特属性。在这一点上，设计作品《景观·观景》交出了一份不错的答卷！

　　艺术设计教学空间的个性如何彰显，《景观·观景》的作者在对基地环境几次深度实地调研之后，将创意点聚焦到了新校区的丘陵状的地貌上。这是一个巧妙的解决方案，让整个教学空间融合在丘陵状的地貌之下，这样在消解了建筑体量的同时，建立起良好的建筑与环境的关系，同时不留痕迹地解决了艺术空间的个性问题。这种在不经意间创造出来的"个性"是有生命力的，它毫不做作，非常真实！

　　在空间界面上，《景观·观景》设计小组提出了"建筑中有景观，景观中有建筑"的设计概念，在丰富了空间界面的同时，使建筑与景观浑然一体！

　　在空间构成的特点上，顺着地形作任意的三角形分割，以三角形为母题形成空间场所的建构！

　　设计不可回避的两个问题：技术与情感。逻辑思考解决不了"情感"问题，要用"心"；《景观·观景》与《衍》设计小组用设计实践很好地回答了这一问题！

调研

《景观·观景—西美新校区环艺区概念设计》

这次我们毕业设计的选题是环艺教学区的景观建筑设计，旨在建造一种"包豪斯"似的环艺教学区，以融合自然为方向，突破传统的教学楼设计，不同于平常的景观设计。"景观·观景"的课题意义在于不偏向建筑或者景观而是将景观和建筑完全融合，完全模糊的概念。

我们不仅设计建筑也是创造"自然"，我们不仅观景，我们也是景观。

设计草图

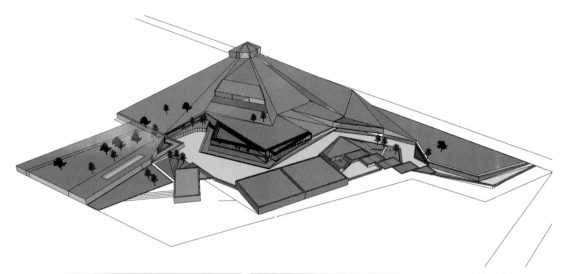

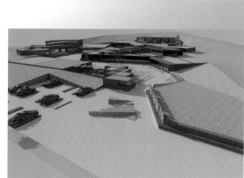

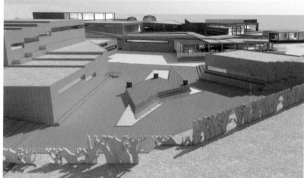

学生感想

现代社会环境污染严重，人们在生活水平提升后转而更加注重生活质量且更加向往大自然，现代建筑的高楼大厦，钢铁水泥慢慢地使人们厌恶了。现代的建筑设计也在向着生态建筑这个潮流转移，但单单的把植物放进房间就是生态建筑了吗？我们的设计就是创造性的、探索性的、实践性的去建设一个真正的生态建筑。一个与景观完全融合的景观建筑。

通过本次毕业创作我们对景观建筑和对自然与人工相结合的多样性有了更深的认识。

《衍》

　　《衍》的基地选择在了秦岭七十二峪中的一个——丰裕口。秦岭——华夏南北方气候的分水岭，因为有了秦岭的气候屏障和水源滋养，才会有八百里秦川的风调雨顺，才会有周、秦、汉、唐的绝代风华。中华民族最引以为骄傲的古代文明，确得益于这样一座朴实无华的由巨大花岗岩体构成的山脉。影响中华文明深远的《道德经》就是在秦岭著成，而以《道德经》为核心的道家思想亦成为中国古代思想文化史上的一座高峰。

　　王维有诗云："空山新雨后，天气晚来秋。明月松间照，清泉石上流。"

　　岑参有诗云："昨夜云际宿，旦从西峰回。不见林中僧，微雨潭上来。"

　　历代吟诵秦岭的佳句，均是诗人对秦岭山水体验感悟的结晶。今天，学生们有感于对秦岭山水的体验与深厚文化感悟，提交出了毕业作品《衍》—— 一个流淌于秦岭峪口中的设计。作品的创意来源于学生们在山中行走的体验，设计作品试图模糊都市与山水的界限。所以，他们设计了有充分行走体验的空间，并且让树木穿行其间，才有了建筑像云雾一样在山间飘荡的创意！

　　在具体的空间处理手法上，使用了消除建筑体量的做法，即将大尺度的体量分解为小尺度的基本单元，化整为零。在空间语言上，最大限度地创造丰富的空间界面，建筑与山体，建筑与建筑，建筑与小溪流水，内部空间与秦岭景观。空间界面的丰富为使用主体带来了多层次的空间体验，这是作品《衍》的最大特色！

《衍》

衍意为在山水之间行走。

衍生，从母体得到物质演变而来，即公共建筑景观在自然中的生长方式。

我们希望可以将建筑、景观与自然环境在根上结合，使建筑可以生长、发展、演变，使其具有生命。

建筑主体分为四层，每层依次递减，形成一种韵律，它依附于山体，从侧面观察，宛如一座山峰。层层叠落，更具层次感。建筑定位为休闲养生馆，我们把建筑四层做了一个功能的分区定位，第一层为主要的接待厅，餐厅等主要功能。二层和三层为游客住宿或养生休闲，第四层主要是高端的静养间。

"衍"的课题意义在于将建筑及景观等人为建筑物与秦岭北麓丰裕口独特的自然环境融合，寻找与自然山水相契合的构筑形态。

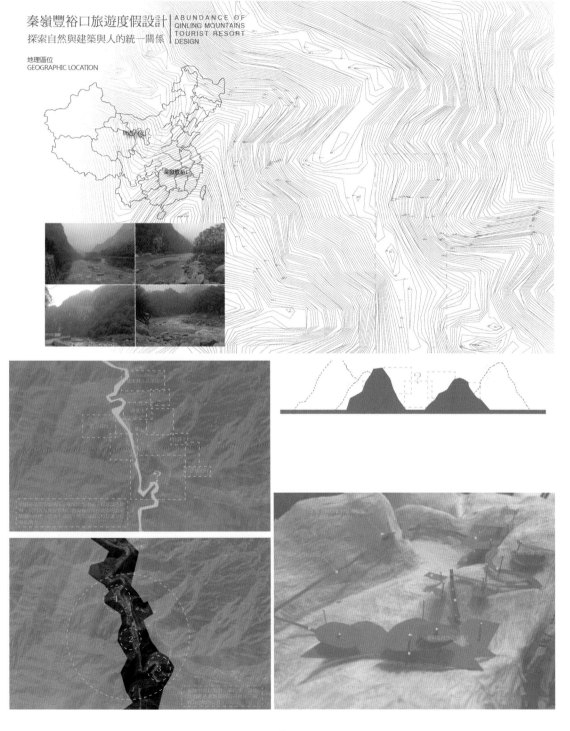

秦嶺豐裕口旅遊度假設計
探索自然與建築與人的統一關係

ABUNDANCE OF
QINLING MOUNTAINS
TOURIST RESORT
DESIGN

地理區位
GEOGRAPHIC LOCATION

模型照片
MODEL PHOTOS

模型照片
MODEL PHOTOS

朱熙：六个月的毕业设计学到了很多，团结协作、发挥个人能力，充分展现团队的能力，在设计中以不同的视角审视自己、审视作品。做完毕业设计是一次新的升华，在以后的道路上要勿忘初心。

王靓：毕业设计是大学四年对自己的一个检验，在创作过程中充满了挑战，从开始的不知所措，到中间抓住一点不知变通，最后在老师的不倦辅导下终于豁然开朗，在乎的不是结果，而是不断探索进步的过程。

郭境新：时光匆匆，这场"战争"终于结束。由思想模糊到思想斗争，由混沌到清晰，每一个阶段都是一个挑战，虽然常常遇到困难，但是我最终战胜了自己，迈向前方，未来即使坎坷，但这段温暖的回忆依然会在冬日里涌上我的心头。

陈德贺：回想四年，时光荏苒，纵有再多不舍，终归是要淡去。毕业设计作为我们每个西安美术学院学子所要经历的一切，需要我们一步一个脚印，不断调整自己，收获时的喜悦感油然而生，多年以后，这仍是大学四年里最惊艳的时光。

特别感谢濮苏卫、周靓老师的辅导，在毕设期间老师一直认真负责，孜孜不倦，包括每周的汇看，方案调整，展板展示等方面为我们提供了很大帮助，两位老师是我们毕业设计顺利进行的强力后盾。

周 靓

西安美术学院建筑环境艺术系副教授

硕士生导师、空间设计教研室主任

西安美术学院美术学博士

西安建筑科技大学建筑学流动站博士后

陕西省装饰协会设计专业委员会副秘书长

陕西省工业和信息化行业招投标专家库专家

中国建筑学会室内设计分会会员

中国室内装饰协会高级室内设计师

陕西省美术家协会会员

陕西省土木建筑学会会员

第一组 《非传统建筑材料可移动性住宅——沙漠护林员之家》

张宇靖　刘巧莉　姚梦菡　扬洁

第二组 《蜂巢绿洲》

高竞达　冉佳瑞　蜂巢绿洲　寇珀　张天宇

《非传统建筑材料可移动性住宅——沙漠护林员之家》

　　刘巧莉设计小组将纸管这种特殊的新型材料作为对象进行研究，并将纸管建筑设计应用于毛乌素沙漠中，为沙漠护林员这个特殊的群体设计了他们的住宅。将这个设计搭建的建筑单体作为护林人员的居住生活空间，是对新型材料的一种运用与探索，建筑材料方便获得且便宜轻便可方便拼接结构，纸管单体经过防水、防火处理，用这样的可再生资源作为主要材料代替成本高昂的木质材料，为人们打开了非常好的设计视野，并且纸管的直径粗细也有不同规格可供选择，也为建筑的生成提供了最大的可能性，目前利用这种纸管进行设计的最有代表性的当属日本的设计师坂茂。在这个方案设计的初期，他们也经常迷茫，经过一步步修改、深化，思路也逐渐地明确，方案也逐渐趋于成熟。设计从开始到结束，小组的同学们经历了许多困难，同时他们也共同努力克服了这些问题，最后也如愿以偿地将这个优秀的设计作品展示在大家面前。

调研

这个设计是为扼制沙漠化现象进行研究。因为设计方案主要是针对沙漠护林员，因此他们专程去了中国土地沙漠化严重地区之———榆林市北部风沙区靖边县张家畔镇，毛乌素沙漠南部，进行了多方面的调研和拍摄，并和当地的居民以及工作人员进行了深入的探讨，总结了非常深入的调研报告，为以后的设计深入打下了相当坚实的基础。

《非传统建筑材料可移动性住宅—沙漠护林员之家》

设计草图

刘巧莉设计小组的同学前期模型推敲是利用折纸来完成的，将普通的 A4 纸和手机光源作为基本的辅助手段，推敲出了无数种可能性，方式方法非常的简单，但是效果却很适合他们的方案，对方案的推进起到了很大的作用。

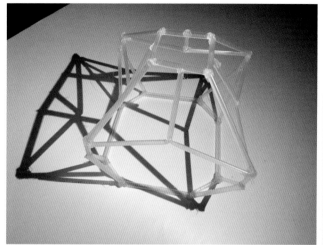

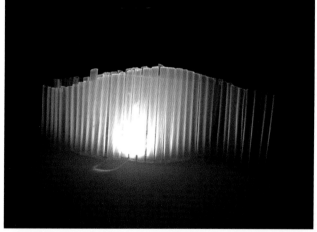

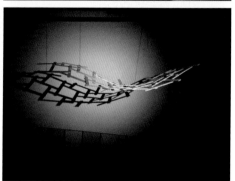

草模

这个设计小组的最终模型是利用亚克力板和内部光源来完成的概念模型，因为纸管材料在模型上体现的难度较大，因此他们选择了用概念性的模型来体现最终的建筑结构和平面布局方式。模型下部和顶部的透光处就是整个建筑的采光和通风之处。整个模型的制作过程，也被这几位同学编辑成为动画短片，很值得推荐。

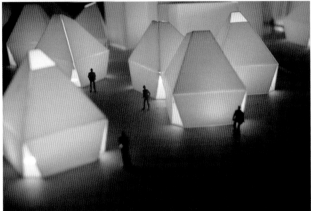

《蜂巢绿洲》

　　"过去、现在、未来"是冯佳瑞设计小组的设计主题。城市发展迅速，人口不断增多，人们对空间的需求越来越大，而可利用的空间变得越来越少，生态遭到破坏，土地稀缺，水土流失严重，植被覆盖率低……土地已然成为人类最宝贵而稀缺的资源。全球生态环境问题已经威胁着人类的发展。冯佳瑞设计小组将河北邢台这个全国雾霾较为严重的地区作为设计对象的基地，致力于未来人类需求的合理空间，并用设计来满足未来人类的需求，研究更多不同环境来建造属于真正"环境"下的未来人居，创造未来人居新方向。他们将蜂巢这个自然界最基本的图形作为基本的母题，并在此基础之上进行延伸性的设计，着重致力于地下空间的延伸性利用，各个蜂巢之间有合理的交通流线进行贯穿，并针对特殊的天气，蜂巢顶部的玻璃会相应的进行调节，来达到内部空间环境的舒适性和协调性。这个小组的配合分工、相互之间的沟通在这次毕业设计中显现出了非常良好的合作状态，同学和同学之间的合作配合决定了这次毕业设计的圆满落幕，而这些是靠个人的力量无法完成的。

《蜂巢绿洲》

　　冯佳瑞设计小组的设计具有一定的挑战性，是对大学四年综合能力的一次考验。他们为了使方案能够最大程度的实施，不断地前往建筑工地以及建材市场寻找最适合他们方案表现力的材质和方法。

设计草图

冯佳瑞设计小组的同学在整个设计过程中团队精神得到了最大程度的体现，从前期建筑市场调研到中期方案的推进，全部都合作完成，起到了极好的团队示范作用。这些图片充分体现出了他们的展场搭建、夜晚加班、模型制作等多方面的合作。

草模

这个设计小组的最终模型最大的特点就是将最平常使用的模型展陈方式多元化和多样化，他们的设计主题是蜂巢，蜂巢就自然也成为模型的母题和元素，不仅仅呈现出了平面的模型，在展示入口处也以立面展示的方式将设计主题蜂巢形式化地展示出来。

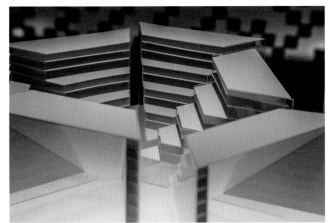

刘晨晨

女，1977年生，满族。西安美术学院建筑环境艺术系副主任，副教授、建筑学硕士、美术学博士、艺术设计学硕士生导师，南京大学博士后。中国建筑学会室内设计分会理事、中国美术家协会会员、陕西省土木建筑学会会员，中国装饰协会会员、陕西省美术家协会会员，高级室内建筑师，先后两次获得陕西省装饰协会优秀设计师称号，中国建筑学会室内设计分会优秀室内建筑师称号，获得教育部霍英东基金第十三届高等院校青年教师奖，2014年获得陕西省土木建筑学会青年科技奖。

第 一 组　　《巷道空间设计探究》

党林静　　　　谭敏洁　　　　　王丹　　　　　王佳

第 二 组　　《流动的空间》

康文　　　　　刘力超　　　　周莉莹

《巷道空间设计探究》

调研内容可分为前期街道调研（上海田子坊、南京南宋御街、苏州山塘街、十全街）和毕业设计课题调研（西安回坊）。

其中对前期经典案例街道进行调研，了解其结构及空间节奏表现，分析其商业街区与当地文化背景的结合运用，对建筑形式，空间组织形式及空间感受方面进行分析研究。然后，针对毕业设计课题选址进行问题及改造分析，了解文化背景，街区定位，根据其文化特色进行针对性问题分析及解决。

调研分析—西安回坊

次入口杂乱　　　　紧挨政府部门停车紧张　　　　特色建筑被放弃

辅助设施差　　　　街道整体杂乱　　　　垃圾点无处理

人车不分流　　　　无序排队阻挡交通　　　　主入口绿化疏于管理

现状环境分析

前期：确定商业街区的文化特征和历史背景，网上搜集相关资料，购买电子书，借阅推荐书籍，了解调研注意事项，确定调研注重方向。针对毕业设计课题选址，了解其商业街区的背景与特点，明确西安回坊存在的严重问题进行外出调研。

各组学生根据课题方向进行了调研考察。主要内容包括：（1）与课题相关的场域调研与文脉分析。（2）课题目标的调研考察。（3）课题相关的文脉历史资料调研。（4）课题设计的现场反复论证。（5）相关技术与材料调研。各组都对所研究课题进行了不同阶段的调研与目标完成。

中期：进行实地调研，对设计场地进行现场测绘，对店铺进行标注。针对现场问题进行拍照记录。

了解街区总平面布局形式，了解空间结构与人流流线。

对建筑形式进行文化分析，学习立面节奏的处理，对室内与室外空间感受的处理进行分析。

对材质铺设的运用进行了解并分析感受。

利用寒假期间对南京南宋御街，苏州山塘街、十全街，上海田子坊等地的巷道空间进行实地调研，对空间进行感受分析与借鉴，了解其街道设计与文化历史背景的融合手法，为之后的毕业设计提供思路与构想。

后期：对前期与中期的调研图片进行整理归类，对现场绘制的草图进行电脑绘制图纸，确定设计范围及尺寸，对建筑形式及立面和空间有整体认识与初步构想，小组进行分工制作。

设计草图

1.按照巷道与建筑的尺度比例关系对巷道进行分类，主街、西羊市、化觉巷、居住区交通巷道。

2.针对不同巷道空间尺度的问题，进行巷道空间整体设计，定位于空间布局整理（A.主街 B.西羊市 C.化觉巷）。

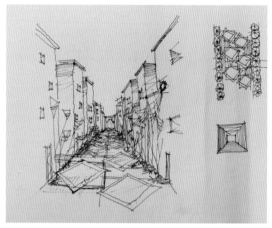

3.运用设计元素对立面与平面进行统一设计，绘制草图。

4.针对各个节点问题进行局部设计，进行方案的推敲。

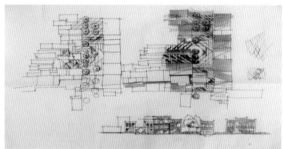

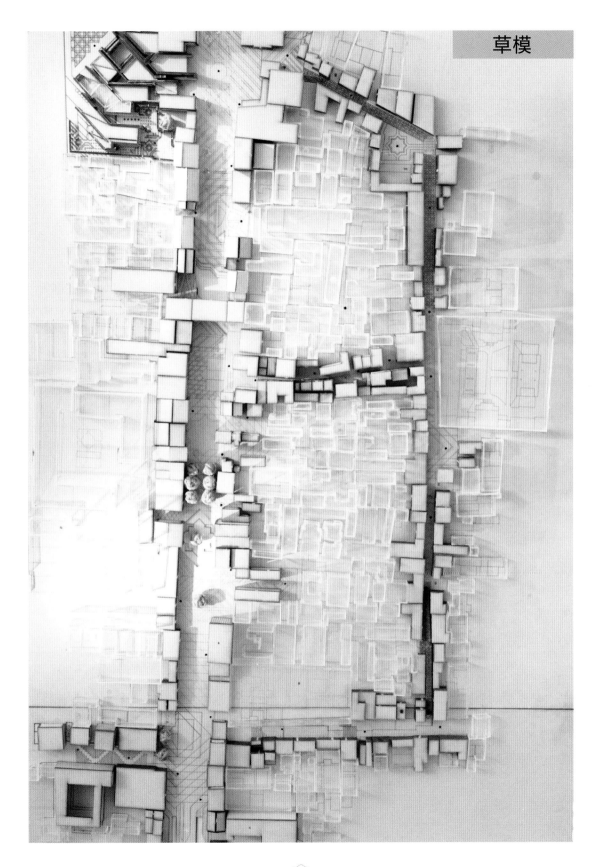

中期：实体调研之后选择了中心设计场地：怡丰城商业广场。了解场地布局、地面铺装情况、植被覆盖情况以及在雨天进行调研。在对多处场地进行调研之后，开始着手进行设计。

《流动的空间》

在毕业设计的选题上，我们选择了针对性的城市环境问题—城市路面积水内涝。最初，设计方向的来源来自对路面积水的反感和作为一个环艺学生的反省，于是开始了对课题方向的研究。调研共分为了两个方向：研究路面积水的主要原因和对于路面积水问题相对应的技术。针对前期调研考量了西安市雨水内涝问题，并将问题空间进行归类，与行为设计结合进行考察，同时还对传统技术与现代技术进行了学习与比对。

后期：开始设计之后再次进行多次调研活动，在方案上进行完善，并将多次绘制的草图进行电脑的统一整合，进行数字阶段工作。

1.对场地进行分析并进行设计,并参考相关案例进行分析。

2.确定整体设计布局,再对局部开始分析并设计,将功能、美学、理念进行结合。

3.在怡丰城场地上调查之后,将场地分为三部分:行走空间、集散空间和滞留空间。

4.方案推敲过程中,多次修正和更改草图并进行整体和局部的设计。

设计草图

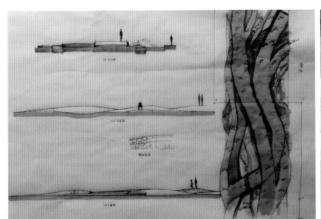

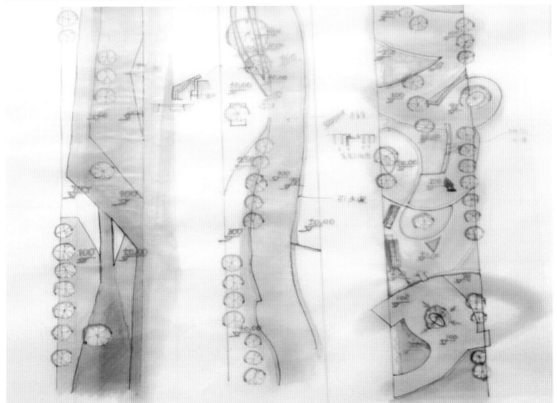

草模

为了突出场地，选择了最为简单的黑、白、灰色调。按照图纸比例进行制作，使用 PVC 聚乙烯材料和高分子化合物进行制作。

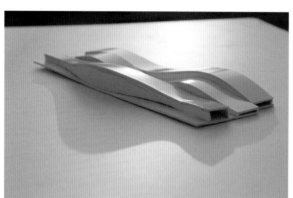

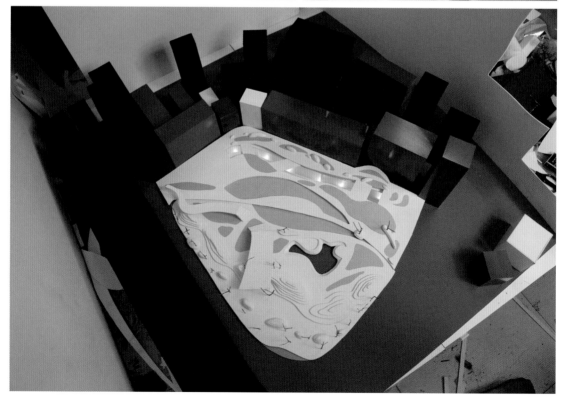

华承军

西安美术学院建筑环艺系副教授

1993 年毕业于西安美术学院，获美术学士学位，
并留校任教至今

2004 年获西北工业大学工业设计工学硕士学位

现任建筑环境艺术系建筑艺术设计专业教研室
主任

第一组　　《魔术空间探究——以小住宅为例》

王晨阳　　　　冯钰　　　　　高凯鑫　　　　龚雅青　　　　周则旭

第二组　　《共鸣、交往——深圳湾滨水景观规划设计》

《魔术空间探究——以小住宅为例》

组员：龚雅青　冯钰　王晨阳　周则旭　高凯鑫

随着中国经济的飞速发展，大型城市人多地少的矛盾日益加剧。由此"85"后都市新青年群体的居住需求—"极小住宅"应运而生。极小住宅概念来源于日本和香港的超小城市公寓，在极有限的空间内通过室内设计、智能科技和可变家具元素，结合社区公共配套和物业服务，实现舒适、时尚、便捷的居住感受。

该组同学在对极小住宅进行了广泛深入的调研基础上，引入"魔术空间"的设计理念。该设计对人的行为、生理、心理等因素进行深入研究，并对结合高科技智能信息控制技术，很好地提升了小型住宅空间的空间功能及居住体验。

该组同学在进行深入研究的基础上，还利用模型及3D动画模拟技术，对空间的形态及空间变化进行了动态演示，生动地展现"魔术空间"丰富的想象力和创新性。

该设计被评为毕业设计创作"一等奖"。

《魔术空间探究——以小住宅为例》

研究目标: 针对室内空间组织方式、空间形态、空间界面的变换等因素对人在生理和心理上的影响的研究，结合实际情况，从而达到空间的充分利用，达到"小中见大"的目的。

项目概述

　　通过问卷调查及现状问题的分析，中国有很大一部分人群对其居住空间表示不满意，居住的屋室面积小，一些功能空间无法单独设立，狭小空间无法合理利用，没有很好的隐私性等些问题，使人们在居住舒适度和方便程度大大降低。

　　"魔术空间"的塑造方式各有千秋，它可以是通过多功能变形家具，以此来达到一个空间中功能的多样化；它也可以是通过挖掘空间中更为隐秘的空间，达到空间功能的集约化；也可以是在空间中引入高智能操作系统，来提高操作的便捷性；更可以是在空间中利用光影的变化，为居住者营造视觉享受……

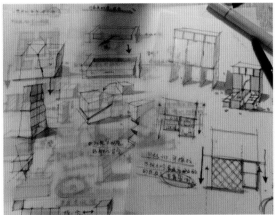
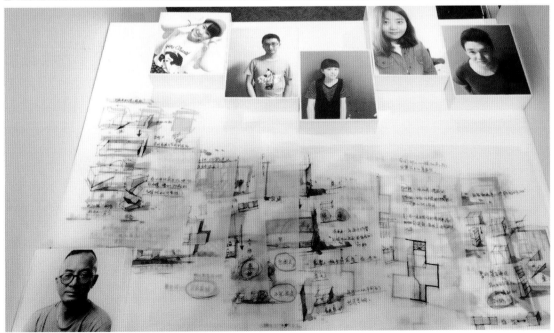

草模

2015 的寒假，我们就开始了毕业设计的工作，时至今日，历时近半年的时间，毕业设计顺利完成。想想这段难忘的岁月，从最初的茫然，到慢慢进入状态，在对思路逐渐清晰，整个设计过程难以用语言来表达。遇到困难，我们会觉得无从下手，不知道该怎么办；当毕业设计经过一次次的修改后，基本成型的时候，我觉得很有成就感。毕业设计是一个长期的过程，需要不断的修改，不断地整理各方面的资料，不断想出新的创意，认真总结。在这次毕业设计的写作过程中，我拥有了无数难忘的感动和收获。

在没有做毕业设计之前觉得毕业设计只是对这几年来所学知识的单纯总结，但是通过这次做毕业设计发现自己的看法有点太片面。毕业设计不仅是对前面所学知识的一种检验，也是对自己能力的一种提高。通过这次毕业设计使我明白了自己原来的知识还比较欠缺。通过这次毕业设计，我明白学习是一个长期积累的过程，体会到团队合作的力量，为今后的工作打下了一个基础。

—高凯鑫

2015 年，对于我们这群面临毕业季的艺术院校大学生，一件优秀的毕业设计作品无疑是我们对我们生活了四年、奋斗了四年、学习了四年的大学的最好的馈赠。四年所学的东西，通过毕业设计作品更好地呈现出来，这样对于我们自身也是一个很好的考验。

从 2014 年冬季开题到 2015 年夏季毕业作品的完成，在这个过程里，我们所收获的已不仅仅是一件毕业作品，它教会了我们怎样去做更好的自己、如何与他人相处，懂得忍让，学会付出，承担责任，理解团队的真正含义。从草图阶段，到模型制作、动画制作、再到最后的展区布置，我们整个小组的成员在这一过程中都付出了自己很大的心血，最后看着我们的展区布置完成，看着我们的动画在展厅放映，真的打心眼里被自己感动了。它就像我们的孩子一样，一点点在我们的努力下成长起来。

现在每当我翻起手机里的每一张关于毕业设计的照片，听到关于我们设计作品名称的字眼儿，心里都有说不出的感觉，或许是感动、是亲切、是骄傲、是怀念、是对大学时光的不舍……

谢谢毕业设计带给我的成长，是它，让我给我的大学呈交了一份最完整、最真诚的毕业礼。

—王晨阳

为期半年的毕业设课程中，让我收益颇多。在毕业设计的过程中，通过与老师的交流，组内对毕业设计课题的探讨以及对设计的前期调研，让我了解了设计的本意和设计目的必须是为了解决某一问题的出发、进行，而不仅仅是形式上的契合，让我能够从实际出发，去为他人做一些真的有意义的事情，同时，在毕业设计的过程中，我真正体会到了团结的乐趣以及团结的力量，俗话说"众人拾柴火焰高"，在一次意义深刻的毕业设计旅程中，让我切身体会到这样与众不同的乐趣，体会到作为一个团体为其所创造出来的作品而感到骄傲，发自内心地感到满足。

—龚雅青

《共鸣、交往——深圳湾滨水景观规划设计》

组员：郭微 徐美娟 易丹 杜仁灏 刘江军

　　该组学生选取深圳南山区深圳湾靠近香港新界元朗平原以西的海域。此项目是规划海湾一线景观设计。设计从地形整治，交通梳理入手，提升了沿海的空间层次，引入滨海湿地系统，种植浓密的红树林，多层次的软绿植系统，结合景区的道路及多层次的滨海平台，对空间进行高差调节及转换，同时也兼顾出海口处的防洪功能。

　　沿漫长海滨区域设置水上乐园、儿童娱乐、博物馆、婚庆广场、水上表演区、阳光沙滩、游艇码头等功能区域供不同年龄阶层的市民享用，同时还设置了立体绿化商业建筑空间，保证了景区功能的完善。

　　该设计以"共鸣、交往"为主题，很好地将人造景观与自然景观联系起来。很好地拓展了城市的休闲空间；增加了人与自然的密切互动关系，把人们从快节奏的城市生活中解放出来，真正体验到慢生活的乐趣。

《共鸣、交往——深圳湾滨水景观规划设计》

研究目的：以当今经济快速发展和灰色基础设施不断增多为背景，探索人们与城市景观之间的密切关系。

项目概述

本项目选址在深圳市南山区深圳湾，它是香港和深圳市之间的一个海湾，准确位置介于香港新界元朗平原以西和中国广东省深圳蛇口半岛东南方之对开海域。此项目是规划海湾一线景观设计，其目标是扩展城市休闲空间，充分利用海域资源，增强人与自然的亲密与互动，从而在快节奏的城市生活中慢下来，感受身心的放松，呼吸自然的气息。

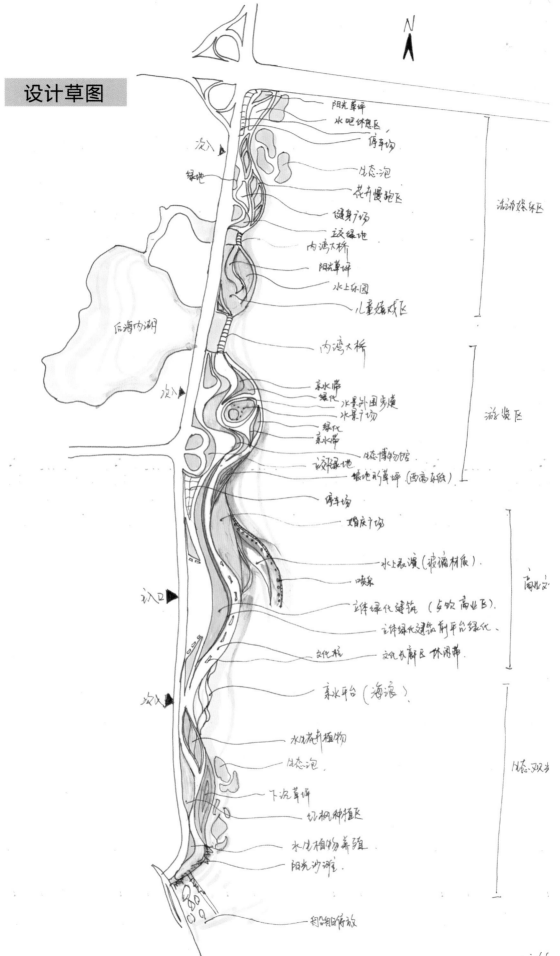

设计草图

N

阳光草坪
水吧休息区
停车场
次入
生态泡
花卉慢跑区
绿地
健身广场
主义绿地
内湾大桥
阳光草坪
水上乐园
儿童嬉戏区

后海内湖

内湾大桥

次入
亲水带
绿化
水景外围步道
水景广场
绿化
亲水带
生态博物馆
次义绿地
坡地形草坪(面向东侧)
停车场
婚庆广场

水上设施(玻璃材质)
喷泉
主义绿化建筑(与饮 商业区)
主义绿化建筑前平台绿化
文化柱
文气长廊区 休闲带

入口

亲水平台(海浪)
次义
水生花卉植物
生态泡
下沉草坪
红枫种植区
水生植物养殖
阳光沙滩

积闲明信待放

活动娱乐区

游览区

商业区

生态双步

4

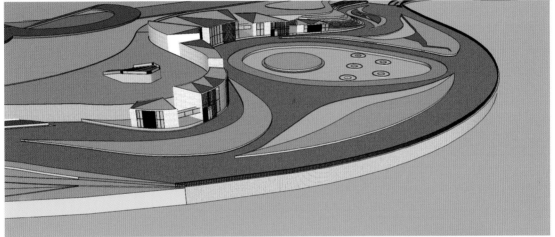

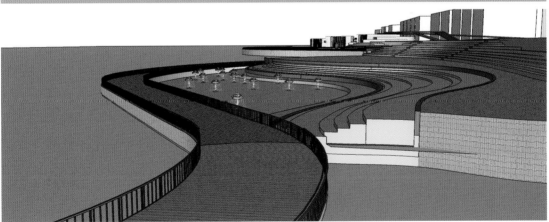

草模

如果说四年大学是我们情感和理想的孕育期，那么毕业设计就是果实收获期；不管绚丽还是平凡，也不管饱满还是干瘪，我都将无怨无悔。毕业设计宛如展示自己的一个平台，倾听各方意见和建议，做出好的作品，也展现自己的才智，这是努力创作的一种精神。设计是自己的选择之路，没有答案就应该勇敢去寻找，说出自己想要的，在设计中体现对于事物的看法，对于情感的理解。因为自己总是不愿满足，在简单的生活里找到满足，在复杂的世界里发现生活，找到自己对人、对事明确的路，我觉得这就是设计—把对事的看法用点、线、面去表达。就让感谢的话转换成一种动力，让自己在以后的路上能走得更精彩吧。

最后想在此对我的指导老师和同学们表示衷心的感谢，感谢他们在毕业设计过程中给我的帮助！

—刘江军

时光飞逝，现在回想起近半年的毕业设计与实践，一路走来，感受颇多。在不断反复中走过来，有过失落，有过成功，有过沮丧，也有过喜悦。在一次次的失落走向成熟中，不断历练了我的心志，考验了我的能力，也证明了自己，发现了自己的不足。半年的毕业设计培养和提升了自己的知识运用能力，使自己从被动的基础学习和按部就班的设计阶段，进入理论联系实际和主动分析和解决问题的开放式思维阶段。期间很多的思绪缠绕着我，犹如被困的蝉蛾一样，想突破自己，突破常规，必须经历时间的考验，最后拾起散落满地的思想碎片，在不断地挣扎与蜕变中完成设计，并得到满意的答卷。

—杜仁灏

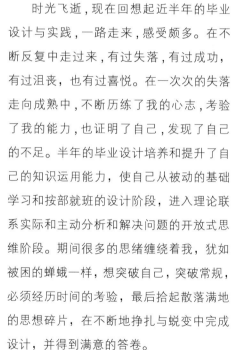

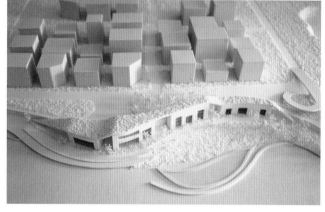

　　随着现今社会的不断发展和房地产业的不断升温，公众接触自然的机会越来越少，因此人们需要这样一个具有娱乐休闲、商业文化和生态游览的场所。我们在课题中以深圳这个城市为背景依托，以生态保护为向导，把满足公众娱乐休闲与当地文化传播作为目的，思考深圳湾滨水景观空间的探索。

　　从选题开始到最后定稿完成，我们在华承军老师的带领下，翻阅了大量的资料和案例，在设计创作的过程中，我觉得最重要的是思路清晰，想清楚我们做的是什么，我们想通过这个设计表达什么，最后能展现一个怎么样的成果，这些问题都要想。但是在设计不断深入的过程中，又会出现很多问题，或者是知识的盲点，甚至很多问题是以前真的没有遇见过的，这时一定要先静下心来，多看案例、多看书，多和老师沟通交流，这真的十分重要。毕业设计不仅仅是最后的一个结业设计，也是大量补充自己专业知识，提高专业技能从而走向工作岗位，成为一个真正的设计师的必经之路，我们都应好好珍惜。

　　经过我们大家的不断努力，终于有了最后的成果，自己也有了很大的收获。收获了友谊，收获了知识，收获了大学四年最后的时光。同时，感想我们的华承军老师，谢谢你的悉心指导，陪我们走过最美的年华。

— 徐美

　　在这个经济快速发展的社会环境中，我们经常听到新闻不断的报道某河流中大量的水生生物莫名死亡，又或者我们经常看到在高速公路上被车轮压扁的青蛙，让我们不得不意识到自然生态环境的重要性，但同时也要满足人们商业经济文化的发展。因此，我们的设计秉着以"生态共鸣、生态交往"为核心，充分利用海域资源，力图构建一个自然环境和人工环境和谐共存的、可持续发展的城市滨水景观带。但更多的是希望公众透过我们的选题，可以更加珍惜现有的自然资源，保护周边的生态景观，希望我们可以通过自己的设计，为自己生活的土地尽一些绵薄之力。

　　四年，真的是弹指一挥间。尤其是在这最后的四个月里，越发觉得自己专业知识的欠缺和与朋友们相处时间的短暂，但越是这样舍不得就越发珍惜。感谢陪我走过大学最后一段时光的小组成员，感谢对我们耐心教导的华老师，明天的路上，我们会更好，加油！

— 郭微

　　通过近几个月的毕业设计，我能够充分地感受到大学四年来所学的内容正如生产车间一样在流水线上一环紧扣着一环，也如同木桶原理一样，作品的优秀在于全面细节上的处理以及任何一个环节都不能出现缺陷。在老师的指引下克服种种困难后，我似乎对专业有了一个全新的认识。能够感觉到大学这些年学到的知识很多，收获也很多，但是在每一个环节的把握上都不细腻，没有完全的掌握细节上的要领，因此，在制做的过程中问题不断地出现。而从专业设计角度上讲，我在设计观念上最大的收获是：对设计流程全局的把握是前期必须充分做好的准备，不然在设计的过程中，最初的设计理念会不断地出现问题，以致必须修改，而最后的设计作品则会与最初的想法大相径庭。

—— 易丹

王展

西安美术学院建筑环艺系副教授。现任建筑环境艺术系副教授，任陕西唐风园林景观理事、中国工艺美术学会金属艺术专业委员会委员，中国工艺美术家协会雕塑专业委员会会员、中国雕塑学会会员、陕西美术家协会会员。

主要研究方向为壁画、雕塑、环境景观艺术、公共艺术，发表学术论文多篇。

在各地主持多项壁画、雕塑、环境景观、公共艺术等工程，多件作品获得多项奖项。

《朔木》

康思威

卢于力

司海辉

杨思敏

《朔木》

模型的制作过程，经过反复的推敲，感受空间秩序以及空间美感，由草模到最终模型，

最终方案以"低碳节能"为主旨，打造一个高科技低碳的省图书馆构筑物，整体建筑群落色调以米色为主，深沉大气，在入口处和建筑基本框架外部有金属钢架结构，绿色植物也被穿插于其中，在光影中寻求变化。

以木材元素为出发点，用木材穿插的地方设计出构筑物外形，这也是陕西省本土空间意识，用硬朗的线条刻画出建筑体块的切割感，故此采用了体块交叠的切割方式形成新馆体型。

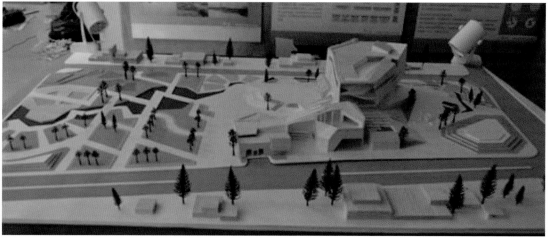

海继平

副教授，硕士研究生导师。

中国建筑装饰协会会员

中国杰出中青年室内建筑师（中国建筑装饰协会）

中国高级室内设计师（中国室内装饰协会）

1989~2009 年中国室内设计二十年（中国建筑学会室内设计分会）优秀设计师

中国室内设计精英奖（中国室内装饰协会）

中国建筑装饰协会会员（中国建筑装饰协会）

赴法国访问学者（国家留学基金《西部项目》）

留学于法国巴黎国立高等美术学院

第一组 《其"乐"无穷——音乐启发下的空间思考与景观装置设计》

沈依婧　　　　邹晨笛

第二组 《河?——探索当代水系在城市中的新角色设计》

杨　慧　　　陈瑞瑞　　　谢智锦

《其"乐"无穷——音乐启发下的空间思考与景观装置设计》

作者：沈依婧　邹晨笛

音乐是映射人类心理情感的一门艺术，作为一种描述人类精神世界的高级语言，其超越其他艺术形式的普遍性决定了它能够和众多艺术门类融会贯通。音乐和空间并不是两个孤立的概念，相反，两者之间存在着微妙的联系，音乐中的构成要素与空间的组成部分存在着诸多共性，音乐中的节奏、韵律、曲式等元素决定一首歌或一段音乐的风格和情感，而这些元素同样能够表现空间环境的风格和特质，这是本案对空间与对音乐的理解。

构成空间的线条或流畅，或紧凑，或平缓，或尖锐，这些特点恰恰能够反映该空间的节奏与韵律，在设计中引入对空间环境与音乐艺术共通性的思考是十分有必要的。

音乐是最具感染力的艺术形式之一，能够打破专业与非专业之间的藩篱，任何人都能够从同样一段旋律中得到不同的感受。本案以音乐为切入口，研究音乐与空间的互动关系，音乐与空间的互动性得到启发，去探究音乐与空间形式的共性和交互关系，设计一个使观者能够亲自参与其中并进行互动的景观装置，使其不仅仅只能被视觉感知到，并将其设定在一个同样以音乐为设计灵感的广场中。

通过对音乐之于空间作用的适宜性探究，更加了解了音乐与空间环境密不可分的关系，并且，将自己喜爱的事物作为设计的元素之一，本案的创新之处在于音乐对于精神上的巨大动力，使得组员在整个设计过程中始终保持着最大的热情。

调研

《其"乐"无穷——音乐启发下的空间思考与景观装置设计》

之所以选择重庆作为我们的调研地点，是因为我们觉得这是一座充满音乐美的城市。重庆方言听起来就像山歌一样婉转动听，作为典型的山城，曲折迂回的它就像一首小调式的歌曲，古朴的磁器口与炫目多彩的重庆夜景交织成了具有反差感的交响乐章。

我们受到音乐的流动性质与音频高低起伏变化的启发，将景观装置的平面设计成流线型，立面则呈现出类似音频变化的效果。并且赋予其可以与人产生互动的特质，人在经过该装置时，可以亲手推动木块部件，这样就产生了一定的趣味性。同时，我们利用灯光强调了其立面顶部的线条。

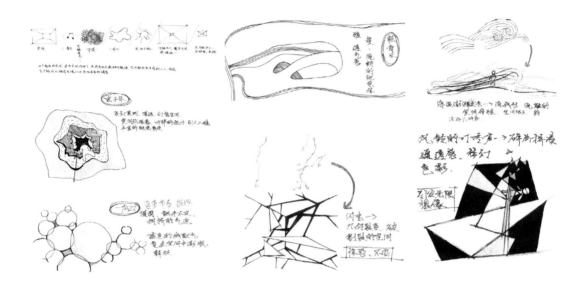

在设计的最初阶段，我们绘制了大量草图，将我们对音乐与空间这两个概念的理解通过手绘的方式来阐释。探究的过程分为两个部分—理性部分也就是音乐与空间构成要素的形式共性；感性部分即音乐与空间的交互关系。我们运用图形化的符号来表现两者的联系，希望在设计中充分融入我们自己的理解。

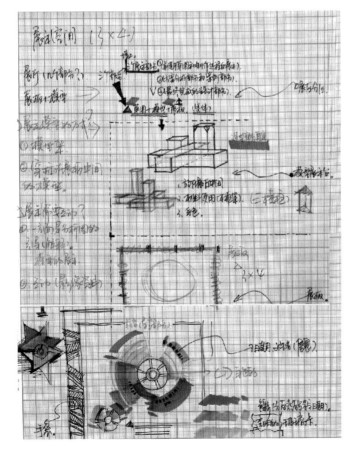

草模

当"钝钝的"木头以曲面的形态展现出来时，它传达给观者的感受便打破了人们对木头的常规印象，我们一开始并没有想到这些方方正正的木块也能够通过另一种形式变得柔和而流畅，然而当我们完成最终的模型后，才发现任何材料都有可能以一种非常态的方式存在。

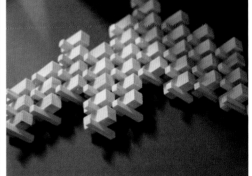

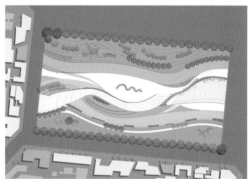

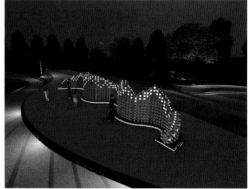

毕业设计经历了半年的时间，从开始的一筹莫展到现在的撤展结束却如同发生在短暂的一天时间之内。有苦恼也有喜悦，从前期构思到最终的展板制作倾注心血，每一天时间都度过得充实而有意义。将自己喜爱的事物作为设计的元素之一也给我们带来了精神上的巨大动力，希望展览的最后一天也是我们之后学习、工作生活的新开始，能够在设计的道路上走得顺利而长久。

—沈依婧

《河？——探索当代水系在城市中的新角色设计》

作者：杨慧　谢智锦　陈瑞瑞

　　《河？》题目既充分表达了作者对当代水系存在的问题抱有疑问，设计内容的立足点也新颖独特，既不是景观设计也不是建筑设计，更像是一个景观零件或者建筑零件，也为解决城市水系问题提出自己的想法和见解，总之，《河？》是一个有作者自己独立思考的作品。

　　人类依水而生、从水发展，水系在过去最重要的功能是为动植物提供生存本源，而随着时代的变化，城市发展到现在，成长为以经济、政治为中心的城镇体系，人们开始远离河流，远离自然，城市水系的主要功能已不再是过去基础的生存单元，在城市快速发展的进程中，甚至成为城市的负担，功能的转变也意味着人与城市水系关系的转变。作品旨在探索在环境治理已经跟不上城市发展速度的背景下，如何赋予水系新的时代角色。

　　通过调查研究相应水系周边具体的地理环境以及人文环境，最后得出针对调研地点的配套方案，其中就浐河而言，方案手段为建立一个只有"通"和"停留"两个单元的建筑构件。a.水系属于生态体系，所以浐河的改造要先从生态恢复入手，保护河道生态环境是设计的第一要务，方案设计尽可能的隔离自然环境；b.其次，城市河流将两岸经济活动隔断，如何连接两岸，使原本分散的两岸关系最终得到"拉链"咬合关系的效果是方案设计重点之一，解决方案为"通"建筑单元；c.当城市经济中心太过于集中时，城市问题也会被进一步扩大化，所以方案力求能激活基地商业文化发展，逐渐发展成为新的经济中心，以平衡城市经济重心，解决方案为"停留"建筑单元；d.本方案造型设计仅仅为"通""停留"两个单元的结合，桥的朝向、角度对应"通"，为居民的实际需求；而居民的理想需求则对应"停留"单元的造型；e.同时，作为概念设计，方案并没有具体的功能设定。

《河？——探索当代水系在城市中的新角色设计》

　　作品阐述：人类依水而生、从水发展，水系在过去最重要的功能是为动植物提供生存本源，而随着时代的变化，城市发展到现在，成长为以经济、政治为中心的城镇体系，人们开始远离河流，远离自然，城市水系的主要功能已不再是过去基础的生存单元，在城市快速发展的进程中，甚至成为城市的负担，功能的转变也意味着人与城市水系的关系的转变。作品旨在探索在当代城市水系中，如何赋予水系新的时代角色。通过调查研究相应水系周边具体的地理环境以及人文环境，最后得出针对调研地点的配套方案，其中就浐河而言，方案手段为建立一个只有"通"和"停留"两个单元的建筑构件。

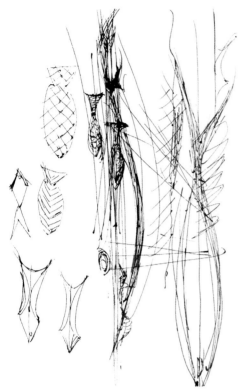

设计草图

方案设计最初以水资源短缺为着手点，通过调研西安市区浐河的河道现状，得出河流水域污染、水土流失严重、植被现状混乱，同时发现河流将两岸文化分隔，人行交通不便等问题，由此提出现代城市河道改造建设的概念构想。设计基本形成后，使用 Sketch Up 软件绘制地形、模型，导出平面、节点、效果图，最后利用 Illustrator 制作分析图块，利用 Photoshop 进行修片以及排版，排版时空出模型位置。模型共有三个，分别为主模型、节点模型、概念模型，均与展板同宽，材料主要为白色 PVC，其中主模型固定在印着比例 1:200 基地卫星图的油画布上。

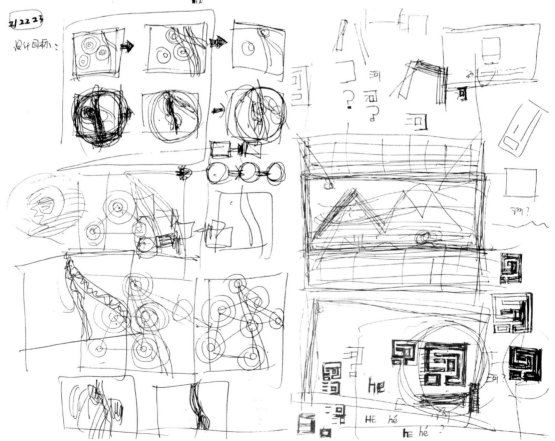

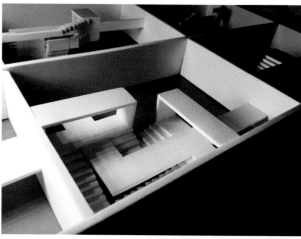

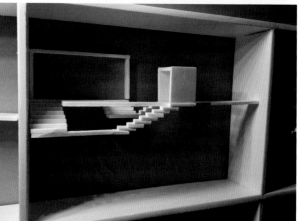

随着毕业离校的日子越来越近，毕业设计也终于告一段落。这次毕业设计相对于以前的课程设计，多了很多思考，同时在老师的指导下，对毕业设计课题进行了更深层次的探索，也培养了我的工作能力和对专业知识的深刻认识，毕业设计不仅是对四年所学知识的一种检验，而且也是对自己能力的一种提高。下面就整个毕业设计过程做以下总结。

第一，毕业设计开题后进行选题。选题是毕业设计的开端，选择一个感兴趣、有说服力、恰当的设计题目，决定着未来毕业设计的整体方向；同时作为大学的最后一次课程设计，对我们每个人来说都有着非常特殊的意义，所以在选题方面要集思广益，慎重选择。最初设计选题为《梦想家乐园》，经过对选题的进一步分析和提炼之后，选题新拟为《空间的情感设计》，经历了灾难纪念馆概念设计、特殊景观设计、淹没的景观设计等方案设想，初步将设计方向定为景观设计，通过实地调研之后，题目最终确定为《新时代下的水系新角色设计》。同时在选题期间，进行了大量的资料搜集工作。

第二，查阅资料。从推敲选题开始，相关资料的查找就从未间断，资料积累越多对所选题目的认识也越清晰，期间通过学校图书馆、专业网站等渠道学习了大量类似的景观或建筑设计，以及展区展示设计等，积累资料的同时还需要将所得资料进行整理，逐渐在系统的学习中确定最终方案的设计方向。

第三，正式着手设计以及制作。方案内容不仅要有创造性，同时要有充分的理论和观点用来支持设计的合理性。设计过程经历了三次学校草图汇看，并在指导老师的帮助下对方案进行不断地调整修改，逐渐确定设计方案后，设计排版形式、展示形式以及模型的设计。方案制作由 Sketch Up 建模，Illustrator 制作矢量图块，Photoshop 进行修片以及排版。

通过这次毕业设计，我明白学习是一个不断积累的过程，在以后的学习和生活中都应该不间断地学习，努力充实自己。在此感谢海继平导师对我们的悉心指导，也同时感谢所有帮助过我们的人，以及一起努力的组员，整个设计过程学到了很多东西，这些也正是这次毕业设计最大的收获，我将终身受益。

第三章 界

　　"界"是局限的另一种解析，在通常意义下界的存在会使物体、空间具有大小、轻重等方面的客观参数，但当界与心灵互构时，情况即不再是客观参数所能描述，界的概念将会以境界的完整状态展现出来。"受界于身，无界于心"，形成我们对当代建筑与环境设计观念更深层面的认知。

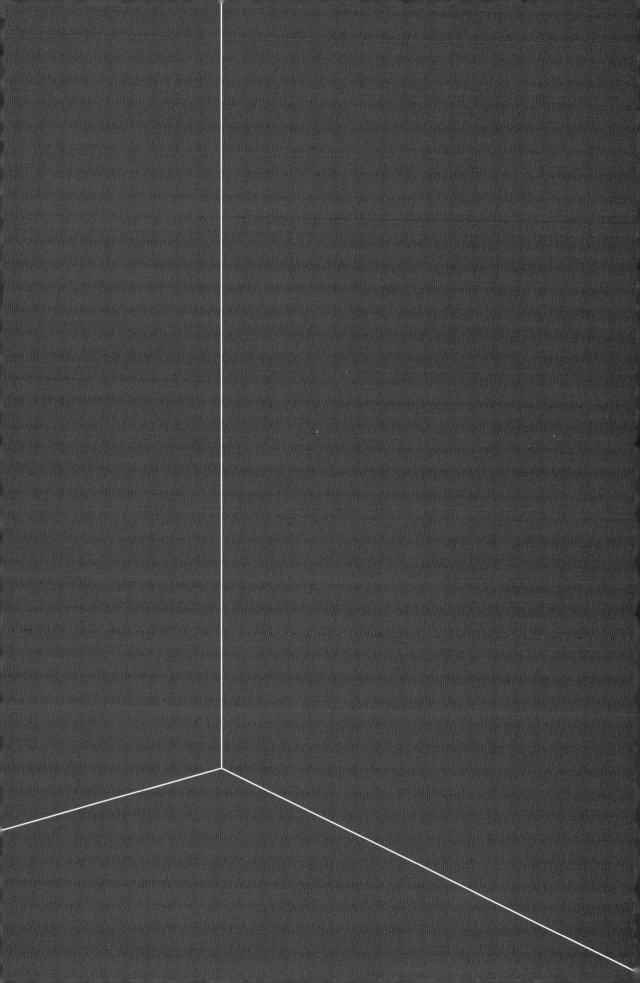

优秀毕业设计作品成果汇总

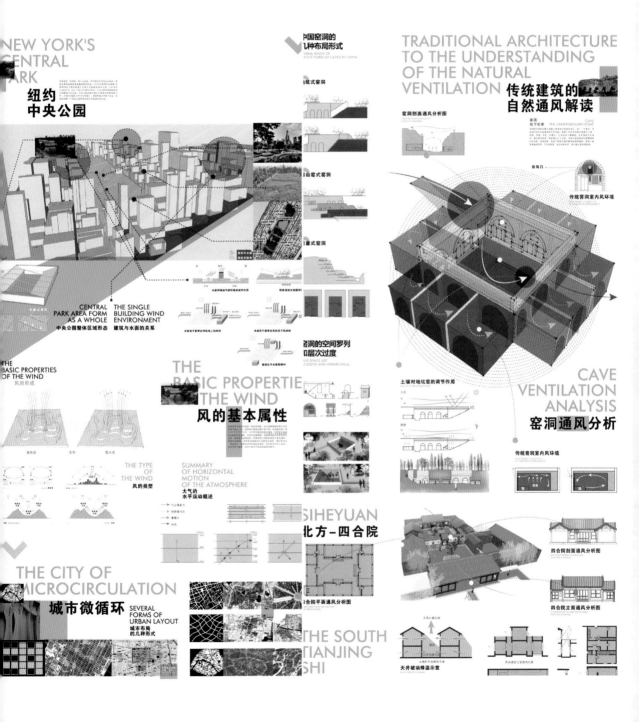

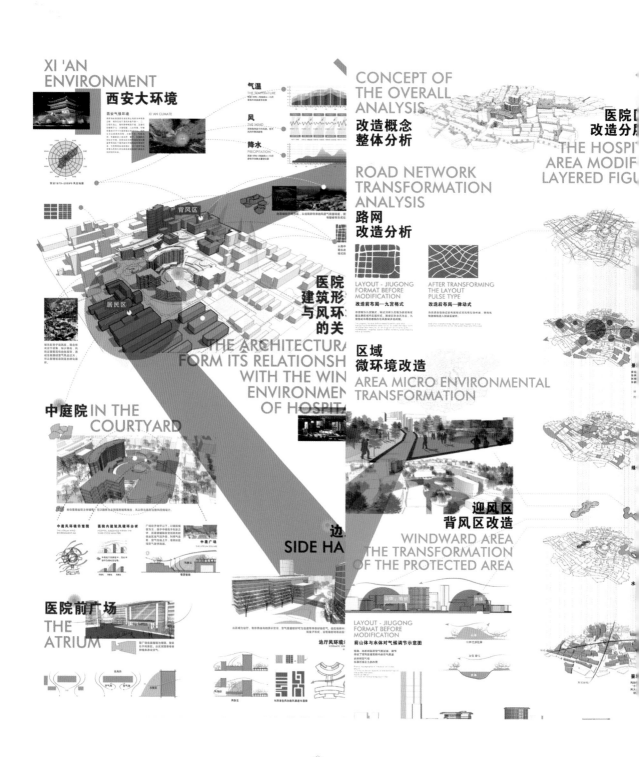

XI 'AN ENVIRONMENT
西安大环境
西安气候环境
XI 'AN CLIMATE

气温
THE TEMPERATURE

风
ZHE WIND

降水
PRECIPITATION

CONCEPT OF THE OVERALL ANALYSIS
改造概念 整体分析

ROAD NETWORK TRANSFORMATION ANALYSIS
路网 改造分析

LAYOUT - JIUGONG FORMAT BEFORE MODIFICATION
改造前布局—九宫格式

AFTER TRANSFORMING THE LAYOUT PULSE TYPE
改造后布局—律动式

医院
改造分层

THE HOSPIT
AREA MODIF
LAYERED FIGU

区域 微环境改造
AREA MICRO ENVIRONMENTAL TRANSFORMATION

医院
建筑形
与风环
的关

THE ARCHITECTURA
FORM ITS RELATIONSH
WITH THE WIN
ENVIRONMEN
OF HOSPIT

中庭院 IN THE COURTYARD

中庭风环境示意图
THE ATRIUM WIND ENVIRONMENTAL MA

中庭广场
THE ATRIUM SQUARE

迎风区 背风区改造
WINDWARD AREA THE TRANSFORMATION OF THE PROTECTED AREA

边厅
SIDE HA

边厅风环境

医院前广场
THE ATRIUM

LAYOUT - JIUGONG FORMAT BEFORE MODIFICATION

前山体与水体对气候调节示意图

HIGH-RISE BUILDING RENOVATION
高层建筑改造

THE INPATIENT ENVIRONMENT PARSING
住院部环境解析

HIGH RISE BUILDING EXTERIOR FACADE RECONSTRUCTION
高层建筑 外立面改造

SURFACE WINDOW
立面开窗改造

HANGING ON
上悬式

OPEN THE WINDOW AREA
开窗面积 25%

BELOW THE WINDOW AREA AIR
窗户下面通气口

OPEN THE WINDOW AREA
开窗面积 100%

IMPORT AND EXPORT OF CONTRAST
通风口对比

SKIN FACADE TRANSFORM
通风玻璃幕墙

DOUBLE DECK GLASS CURTAIN WALL PROFILE
双层玻璃幕墙剖面

SKIN FACADE TRANSFORM
通风玻璃幕墙 改造

INTERFACE OF THE DOUBLE VENTILATION BETWEEN THE EPIDERMIS
界面的双层通风表皮之间的关系

IMPORT AND EXPORT OF CONTRAST
通风口对比

INDOOR SPACE TRANSFORMATION
室内空间改造

C FLAT OPEN ON BOTH SIDES A SINGLE FLAT
a窗上下开启扇 b窗与百叶结合 c利用门气窗

THE PER CAPITA LIVING SPACE AND THE RELATIONSHIP BETWEEN AIR CHANGES

C FLAT OPEN ON BOTH SIDES A SINGLE FLAT
a剖面开式式 c双侧平开式

30m²/（h·p）新风量时人均居住面积与换气次数的关系

人均居住面积（㎡）	10	20	30	40	50	60
满足自然通风的换气次数	1.70	0.85	0.51	0.45	0.38	0.29
满足机械通风的换气次数	1.80	0.62	0.47	0.41	0.33	0.29

SIDE HALL RENOVATION
边厅改造

SIDE HALL BEFORE MODIFICATION
〈 边厅改造前

THE TOP SIDE HALL AFTER TRANSFORMING
L 边厅顶部 改造后

SIDE HALL AFTER TRANSFORMING
边厅 改造后

INCREASE PUBLIC SPACE AREA TO IMPROVE THE VENTILATION
扩大公共空间的面积改善通风

SIDE HALL AFTER TRANSFORMING
边厅 改造后效果图 ∧

THE ATRIUM TRANSFORMATION
中庭改造

改造要点
RENOVATION POINTS

IN THE HALL FORM MOMENT OF FORM
中厅形式 矩形式

THE ATRIUM PRESENT SITUATION ANALYSIS
中庭现状分析

THE ATRIUM ENTRANCE VENTILATION
中庭入口通风

TOP OF THE ATRIUM
中庭顶部

THE ATRIUM ENTRANCE VENTILATION
中庭地下空间

THE ATRIUM TEMPERATURE
中庭温度

THE ATRIUM WIND ENVIRONMENT
中庭风环境

THE ATRIUM TRANSFORMATION PLAN
中庭改造计划

屋顶改造
HOUSE AT THE TOP OF THE TRANSFORMATION

AT THE TOP OF THE HOUSE BEFORE MODIFICATION
屋顶改造前 〉

AT THE TOP OF THE HOUSE AFTER TRANSFORMING
屋顶改造后

双层楼板运用
DOUBLE FLOOR USE

植物的引进
THE INTRODUCTION OF PLANT

地下空间与中庭的结合
THE COMBINATION OF UNDERGROUND SPACE AND THE ATRIUM

季节风环境分析
COMPREHENSIVE ANALYTICAL

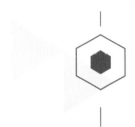

行为活动与空间的产生

人体活动范围

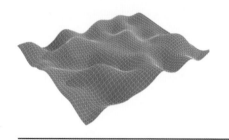

空间形态演变
空间因不同意识的交流而注入新的活～
织成一个生命的共同体。

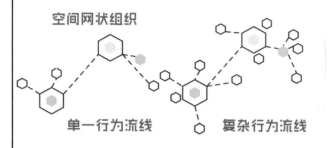

空间网状组织

单一行为流线　　　复杂行为流线

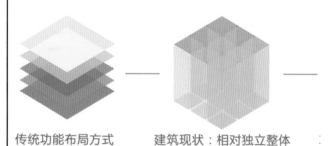

传统功能布局方式　　建筑现状：相对独立整体

空间指导行为的产生
空间环境作为被使用者，在接受使用者对它单向信息传递的同时也会产生相应的信息反馈作用于使用者，并且有的空间信息反馈能够主动的对使用者产生行为指导作用。

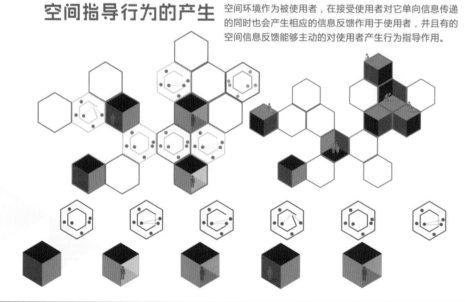

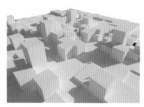

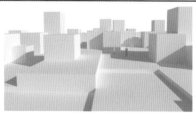

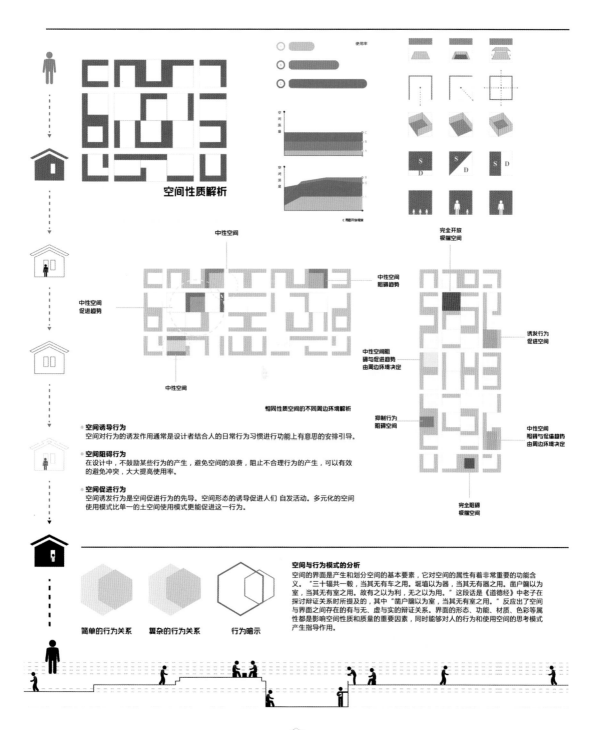

空间性质解析

使用率

中性空间

中性空间
阻碍趋势

完全开放
极端空间

中性空间
促进趋势

诱发行为
促进空间

中性空间
中性空间阻
碍与促进趋势
由周边环境决定

抑制行为
阻碍空间

中性空间
阻碍与促进趋势
由周边环境决定

相同性质空间的不同周边环境解析

完全阻碍
极端空间

◆ **空间诱导行为**
空间对行为的诱发作用通常是设计者结合人的日常行为习惯进行功能上有意思的安排引导。

◆ **空间阻碍行为**
在设计中，不鼓励某些行为的产生，避免空间的浪费，阻止不合理行为的产生，可以有效的避免冲突，大大提高使用率。

◆ **空间促进行为**
空间诱发行为是空间促进行为的先导。空间形态的诱导促进人们 自发活动。多元化的空间使用模式比单一的土空间使用模式更能促进这一行为。

空间与行为模式的分析
空间的界面是产生和划分空间的基本要素，它对空间的属性有着非常重要的功能含义。"三十辐共一毂，当其无有车之用。埏埴以为器，当其无有器之用。凿户牖以为室，当其无有室之用。故有之以为利，无之以为用。"这段话是《道德经》中老子在探讨辩证关系时所提及的，其中"凿户牖以为室，当其无有室之用。"反应出了空间与界面之间存在的有与无、虚与实的辩证关系。界面的形态、功能、材质、色彩等属性都是影响空间性质和质量的重要因素，同时能够对人的行为和使用空间的思考模式产生指导作用。

简单的行为关系　　　复杂的行为关系　　　行为暗示

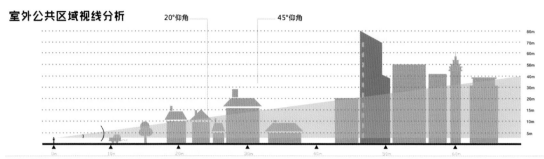

室外公共区域视线分析

20°仰角　　　45°仰角

无界限设计的过程

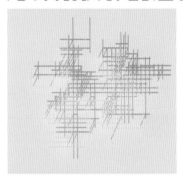
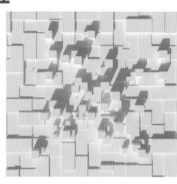
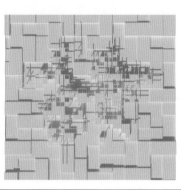

模型概念分析

行为分析　　　空间分析

无

优

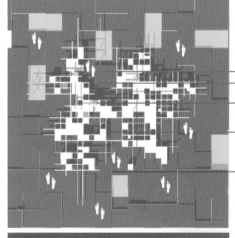
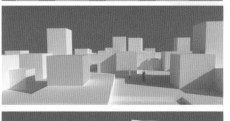

室内区域视线分析

20°仰角　　　45°仰角

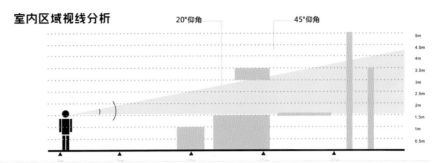

模型组合解析

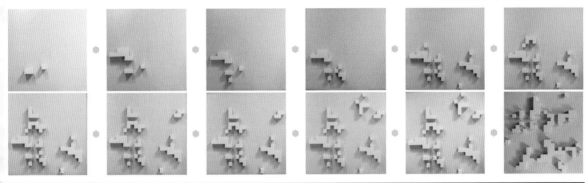

空间视线分析

框架结构视线　　　　　　　　　　　实体结构视线

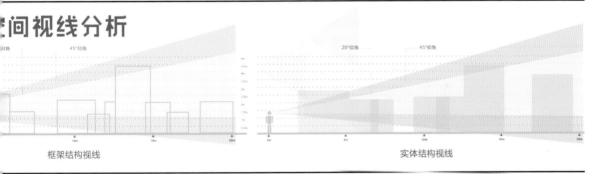

秩序

概念阐述
Conceptual Description

从矛盾空间着手，在二维设计中找到平面构成的核心价值，带入到三维空间中发挥作用，研究人在不同空间中的心理变化，以做出高效表达能力的抽象概念空间，明确表达出人与空间两者间的互相关系，探究空间的意义和合理灵活分布。

注重"人的感受"为目标，定向设计出一系列体验性空间，从视觉、行动上给人冲击和产生反向思维的思考。提取城市、建筑、室内、景观中的重要元素，用适当夸张手法将元素融合与模型中体现空间张力表现。

H-J-N-Z

双面的盒子
SIDED BOX

矛盾空间的启示
Revelation of
Contradiction
Space

2015 届
西安美术学院
建筑环境艺术系

设计团队
胡静怡
张荣
金永玲
宁春雷

指导老师
孙鸣春
王娟

01 织网...
NETTING

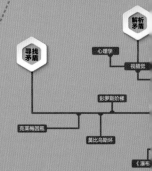

寻找矛盾　解析矛盾
心理学
视错觉
彭罗斯阶梯
克莱梅因瓶　莫比乌斯环
《瀑布...

02 矛盾空间概念的拓...
CONCEPT OF CONTRADICTIO...

埃舍尔的理及由矛盾空间引出的各个矛盾理论。矛盾空间在...

1–矛盾空间概念及代表人物——埃舍尔

在平面构成里，现实生活中不存在，在二维空间里运用三维空间的平面表现形式错误的表现出来的称为矛盾空间。

违背了透视原理，造成错乱的光影效果，不同的形体关系由视线的改变而产生变化。

矛盾空间具有表现多视点的特性，多数是应用在艺术和设计上。

《彭罗斯三角形》　《不可能三角形》
《带子》(1948)

M.C. 埃舍尔（M.C.Escher, 1898~1972），荷兰科学思维版画大师，20世纪画坛中独树一帜的艺术家。
作品多以平面镶嵌、不可能的结构、悖论、循环等为特点，从中可以看到对分形、对称、双曲几何、多面体、拓扑学等数学概念的形象表达，兼具艺术性与科学性。
主要作品有《重力》(1952)、《相对性》(1953)、《画廊》(1956)、《瀑布》(1961)。

埃舍尔　《手与反射球》　《相接图形》　《瀑布》　埃舍尔作品空间之一　埃舍尔作品空间之二

文...
的人...

2–相关分支知识点

1、莫比乌斯环：把一条纸带的一段扭180°，再和另一端粘起来就得到一条莫比乌斯带的模型。如果把两条莫比乌斯带沿着它们唯一的边粘合起来，就得到了一个克莱因瓶。

2、克莱因瓶：德国数学家克莱因提出了"不可能"设想，即克莱因瓶。这种瓶子根本没有内、外之分，无论从什么地方穿透曲面，到达之处依然在瓶的外面，所以，它本质上就是一个"有外无内"的古怪东西。

3、彭罗斯阶梯：由英国数学家罗杰·彭罗斯及其父亲列昂尼德·彭罗斯于1958年提出。指的是一个始终向上或向下但却无限循环的阶梯，可以被视为彭罗斯三角形的一个变体，在此阶梯上永远无法找到最高的一点或者最低的一点。

4、视错觉：当人观察物体时，基于经验主义或不当的参照形成的错误的判断和感知。
视错是指观察者在客观因素干扰下或者自身的心理因素支配下，对图形产生的与客观事实不相符的错误的感觉。

莫比乌斯环

克莱因瓶　彭罗斯阶梯

莫比乌斯环

黄宝玉...

3–音乐上对矛盾张力的体现

音乐上：作曲家将情感加以逻辑思维的抽象概括，通过音乐特征的形象思维表达出来，例如音节长短，音域高低，节奏快慢等。用以下国内外著名音乐作品为例。

[莫扎特第二十五号交响曲]　[高山流水]

6–戏剧上对矛盾张...

戏剧上：矛盾在戏剧中就是冲突，为增添趣味性。所谓戏剧冲突是指戏剧艺术中集中概括的反映。

《哈姆雷特》

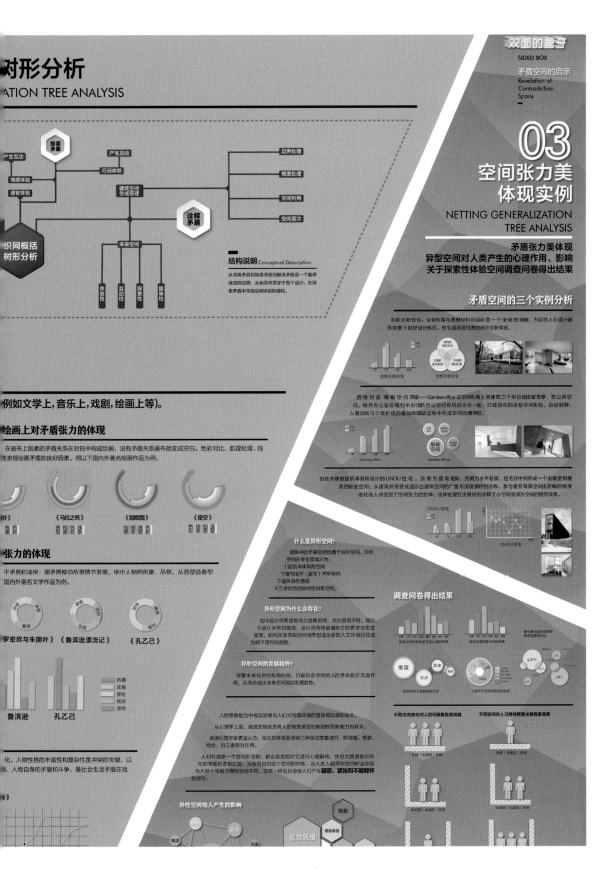

村形分析
ATION TREE ANALYSIS

探索矛盾 — 产生互动 — 边界处理
情感体验 — 行动体验 — 维度处理
感官体验 — 建筑空间生成原理 — 空间利用
诠释矛盾 — 空间层次
织网概括树形分析
未来空间
体验性 互动性 探索性 趣味性

结构说明 Conceptual Description
从寻找矛盾到探索矛盾解决来是一个循序渐进的过程，从始至终贯穿于整个设计。在探索矛盾中寻找空间体验的规则。

例如文学上，音乐上，戏剧，绘画上等）。

绘画上对矛盾张力的体现
在画布上因素的矛盾关系在对抗构成绘画，没有矛盾关系画布就变成空白。色彩对比、肌理处理、线是表现绘画矛盾的良好因素。用以下国内外著名绘画作品为例。

《 》 《马拉之死》 《踏歌图》 《星空》

张力的体现
于矛盾和冲突，用矛盾推动故事情节发展，突出人物的形象，品格，从而塑造典国内外著名文学作品为例。

罗密欧与朱丽叶》 《鲁滨逊漂流记》 《孔乙己》

执着 抗争 冒险 孤独 悲伤

鲁滨逊 孔乙己

化。人物性格的丰富性和复杂性是冲突的关键，以人物自身的矛盾和斗争，是社会生活矛盾在戏

》

双面的盒子
SIDED BOX
矛盾空间的启示
Revelation of
Contradiction
Space

03
空间张力美体现实例
NETTING GENERALIZATION TREE ANALYSIS

矛盾张力美体现
异型空间对人类产生的心理作用、影响
关于探索性体验空间调查问卷得出结果

矛盾空间的三个实例分析

范斯沃斯住宅：全新布局与透明材料的运动是一个全新的突破，为后世人们设计建筑奠下良好设计典范。住宅强调居住者的感官全新体验。

范斯沃斯住宅 范斯沃斯住宅

四维对话 模糊空间界限——Samleeoffice在空间布局上原建筑三个单位动线做穿，把公共空间，敞开办公室区域到半封闭的办公空间有机结合在一起，打破原有的呆板空间布局，由动到静，人随动线与立面折线的叠加和移动过程中形成空间的壁挂性。

Samleeoffice Samleeoffice

由佐木隆敏建筑事务所设计的UNOU住宅，东侧为废高框架，西侧为水平框架，住宅中间形成一个由矮宽别墙高的断变空间，从建筑外形变化显示出建筑空间的广度与深度微妙的诠释。参与者在有限空间内流畅的维度变化使人感受到了空间张力的拉伸。这种处理方法很好的诠释了小空间呈现大空间的错觉效果。

UNOU住宅 UNOU住宅

什么是异形空间?
建筑中的矛盾空间也属于异形空间。异形空间在专业领域分为：
1 建筑本体异形空间
2 墙内内部（室内）异形空间
3 室外异性围城
4 三者结合的综合性异形空间。

异形空间为什么会存在?
如今设计师希望能充分发挥空间，充分展现其用。现如今设计水平的提高，设计师与体验着双方的要求也愈发变高，如何在非规则空间地形里创造出新的人文环境已经成为当下流行的趋势。

异形空间的发展趋势?
探索未来化空间布局结构，打破形态空间给人的带来的正负面作用，从而总结出未来空间规划发展趋势。

人的思维能力中视觉思维与人们对周围环境的直接视觉感知有关。
从心理学上说，视觉思维就是将人的视觉感受和能动性思维能力相联系。
美国心理学家麦金认为：视觉思维需要借助三种视觉意象进行，即观看、想象、构绘，且三者相互作用。
人们在观察一个空间形态时，都会自发的对它进行心理解析，并导入到脑潜意识存在的常规形态相比较，从而得出对这个空间的判断。当人进入到异形空间时会发现与大脑中常规惯性空间不符，这样一种反应会使人们产生疑惑、紧张和不能释怀的感觉。

异形性空间给人产生的影响
观察 探张 感官体验 构绘 视觉思维 孤独 冲突

调查问卷得出结果

维度 疏情 众点
绘制中华历史的表现方式
人类对于空间风貌的情感共鸣

42% 54% 10%

不同空间变化对人的可聚集程度调查
不同空间对人习惯性聚聚累程度调查

04

矛盾空间
在空间中的运用
IN THE SPACE OF
THE CONTRADICTORY SPACES

用到的元素和想要给人产生什么样的
心理反应（利用异形空间的张力美给人产生的心理情绪）

矛盾在心理学和物理学中的体现

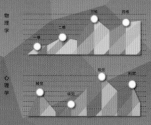

物理学上：矛盾是介于二维与三维之间，其中三维中表现的最为明显。　　**心理学上：**视觉是人感受空间的第一感官体验。

矛盾在心理学和物理学中的比较

人与空间的理想关系

增加空间参与度	→	人与空间和谐
刺激人加强对空间的感知	→	增加空间意象和力、吸引力
引导人的主动性	→	引发人与空间互动交流
产生自身心理感受	→	激发人对空间的探索欲望

由分析得出：

①二维和三维空间的交织更能体现空间矛盾，空间张力也更容易体验感。

②参与者和参与的印象深刻的体验对行动规制。

不同时代建筑师眼中的空间距离

第一阶段：
代表人物：库哈斯

由功能不确定性带来空间不确定性，引发空间距离的改变。功能不确定性的不便利通过电梯等手段解除，使空间联系具有引导性和客观端属性。

第二阶段：
代表人物：妹岛和世

空间等级完全解体，纳入到固有本体性，空间距离固定，引导减少。由于不确定通过参与者的距离离关系产生人与空间知觉，重组参与者的可开发性。

第三阶段：

注重对空间的无意识运用的无意识伸用，创造出一种"不自由建筑"，产生共同性新空间。通过参与者的距离离关系的知影响被约束。引与关系之间的互动，呈现新手局的空间氛围。

将人们习以为常的空间形象进行有意识处理，把矛盾空间中的各种现象重新整理，完善矛盾空间在建筑中的运用，提升建筑自身品质。

1.打破室内外界限的约束，更合理利用空间以增加利用率，功能分区倾向自由形式。

2.不明确的功能划分给人新鲜感，通过矛盾空间的趣味解读找到价值适用于建筑空间，在二维空间和三维空间的不停转换，空间的维度和度便便得膨胀化的体现。

3.简单的外立面与灵活的室内空间组合，形成反复阅读的空间，利用人的"行进图步"为计量点，创造出种场画关系的可能性。通过参与者（主体）与建筑（客体）发生主动而创造更美的空间关系。

4.打破常规矩形给人的整体感，利用异形和视错觉给人新颖的体验化空间，利用新的方式放大人对非常规空间理念的约束。

5.利用多种新型模式处理空间与空间的关系，激发参与者探索欲望，激发观察者对空间距离的深层次解读。

解决透视产生的因素

| 灭点 | 视错觉 | 参照物 |
| 错位多个灭点 | 消除同一灭点 | 近大远小 · 近小远大 · 密度 · 间隔 |

主要研究方向：

- 矛盾空间的体现
- 建筑本体异形矛盾空间
- 建筑内部（室内）矛盾空间
- 两者结合矛盾空间

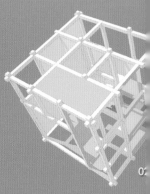

01

03

04

1 / 二维转换三维的视觉表达

选取特别符号性黑的建筑，空间或景观所运用到的元素，进行精选启微出适用零零的抽象概念空间模型，以展示空间的三维张力。

2 / 方体界限的转换

利用方体体与框架自由变幻创作式束现强三维空间的转换，立方体的存在强化方体体空间的转换。型制无法演出多次元的时者，通过实虚关系和型面制其体验性。方体体感知多次元的时者，观视觉知你体摆你而转换视角，体现最直白的空间体验。

分析：模型置白吧二维图案拉伸形成三维视觉的空间体现，通过实虚关系和型面的多层次空间立体体，非常规建筑打破张力破坏力下加与界限的束缚。会成为奥约远视空间的一个一为尺寸体。

3-惯性堆叠

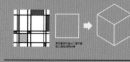

模型分析：单体建筑延着Y轴方向垂直向上升，多个建筑群由单体组成，群体在X轴延延。如果偏两个状态互换，城市布局成星型运动 90 度的状态，将建筑群变向堆叠，体现新的城市状态。

城市空间导致拥挤布局起来，好区住宅不再使得平衡。高层不平衡构成为城市规划的标志。而写字楼的能尺有用欲可运用竖向堆叠，在合理空间布局的情况下就可能够实使空间利用率得到很大的提升。

4-打破图式思维表达张力

《花鸟与人》是经典图画诗创意表现，画中采惯的笔力带个人的视觉，注意这分为色化建的空间矛盾，不同建群物体互现应尺，色线力真时出建形色的描述，将着看显的此个过度利色的时者，时为红色。黑能对比轻，只有一个初步内部的认知。

在心理学中，人联会在一理到实内部引矛矛的错过。结构是打破图的人脑研究力一种利得的时形式；到"重化"，形成图这块一种虚空间的。打破图式会诱过和极限合识视时间的空的下下，人联会形力出打个人分形时的实特的认知中。

模型分析：模型以打破图式表达张力的时者，但是其结合体验合理性在表面这样体验去组合空间，合理性在。

在合理空间布局这样体验去组合空间，关系，。

D. 场地演变
The evolution of Site

九宫格演变：

　　我们在总结和分析的基础上，我们对城市青年廉租公寓居住空间的本体设计研究中，提出了套型设计中平面紧凑、舒适宜居和适应可变三个基本原则。

　　基于对城市青年低收入者的居住现状及对青年人居住套型的实地调查研究，结合城市青年低收入者在处于过渡时期的居住需求，分别就纯粹休息型、休息学习型、休息生活型和生活从业型提出给出适宜的功能配置。最后，通过对城市青年廉租公寓限制因素和居住者居住行为为模式和生活方式的分析，结合居住者对居住空间的不断更新的功能需求，提出了未来城市青年廉租公寓居住空间精简化、可变性及其家私一体化设计的新趋势。

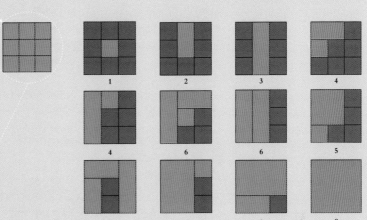

场地形式：

　　我们根据九宫格的演变方式，将其填充在城市道路自然分割所形成的网格中，这样就形成了相互关联的城市集装箱模块系统，在整个系统中，每个模块既是相互关联的，又自成相对独立的模块系统。

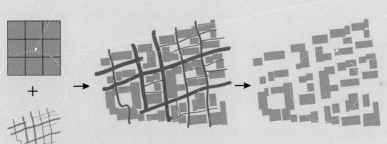

演变地块形式：

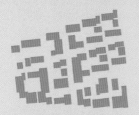

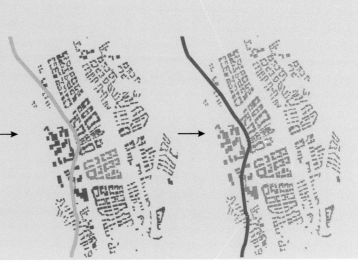

　　城市肌理是指城市的特征，具体而言，包含了城市的形态、质感色彩、路网形态、街区尺度、建筑尺度、组合方式等方面。一般城市的肌理都是井字形构成的，由此得出九宫格的场地形态。本次设计在九宫格中推演出无限种可能出现的地块形式进行设计。

鸟瞰图

场景分析图：

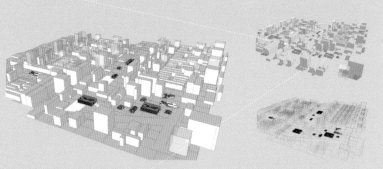

经过以上种种调研数据的分析，我们对整体设计方案有了较明晰的构想。我们认为，在青知"蚁族"生存空间中必不可少的有以下几个因素：适宜的居住环境、公共的交流平台、休闲娱乐的场所、适当的植被绿化以及水景等。

因此公共空间的设计和利用是我们本次设计的重点，此外空间表现形式和景观的运用也是我们的要点之一。

模型演变：

此外，构建新型人际关系网也是本次研究所要解决的重要问题。由此，我们从九宫格演变出几种居住户型，之后再将它们放置于整体大背景建筑物中来观察所呈现的效果。对此我们对每个空间模块进行了分析各归纳，以下为每个分区的具体探讨。

方案一效果：

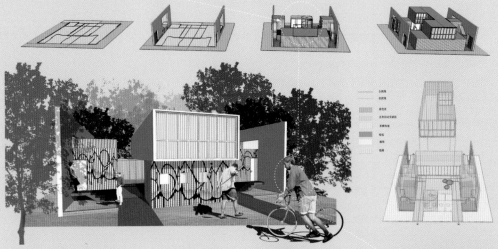

在这个方案中，为了让低收入者人群更好的居住，并且在劳累时能有放松休闲的场地，因此我们主要划分有出租房、多媒体活动室、公共场所交流区、庭院、水景、厕所以及绿化等多个功能分区。

方案二效果：

我们对方案一进行分析后采用正方形场地，尺寸为16.5m×16.5m×2.7m并将9个大小不同的集装箱置于场地中合理布置，以达到完美利用空间，适宜青知"蚁族"群居的目的。为了让低收入者人群更好的居住，并且在劳累时能有放松休闲的场地，因此我们主要划分有出租房、多媒体活动室、公共场所交流区、庭院、水景、厕所以及绿化等多个分区。

方案三效果：

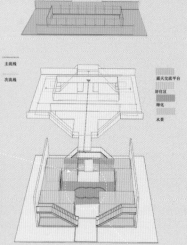

主题线
次流线

露天交流平台
居住区
绿化
水景

在方案三的尺寸为44m×22m。本方案设定为两层，每一层都有出租房不等，上下两层出租房共计13处，并带有公共活动空间1处。每一层按照功能分区都有居住区、公共活动区、绿化区以及水景区等。

方案四效果：

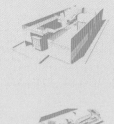

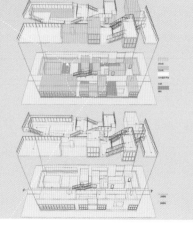

在方案四的设计中，我们仍然采用长方形场地，对场地尺寸的设计依然沿用方案三，即44m×22m。本方案按照功能划分为居住区、公共交流区、绿化、水景以及休闲娱乐区。本方案建筑物有连续性廊道相通（黄色部分），是为了增加住户行走的趣味性及碰面的机会，让人们彼此之间增进认识了解的机会，同时上部形成开放性公共露台空间。

方案五效果：

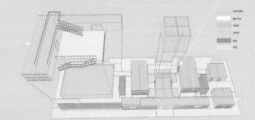
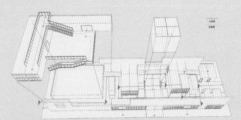

方案六效果：

方案五的设计构思是结合了最新型的居住模式和商业模式所提出来的。

该场地形式为长方形场地，60m × 6.3m × 2.7m，由多个3m × 12m × 2.7m和13 × 6m × 2.7m的集装箱组合而成，在功能的划分上分为居住区、公共交流区、绿化、水景以及商业区。

1. 罗家寨村落自然围合形成的都元化空间
2. 周围高等学府较普，在校及毕业生较普
3. 周围建筑需求人群经济水平处于中低水平

1. Luojiazhai village formed a diversified natural enclosed space
2. The institutions of higher learning around more, in school and graduate more
3. around the building needs of the population in the low economic level

项目基业分析/Project based site analysis

针对罗家寨对原基础填埋进行整理，并设计明确主题性空间，段构建门记忆较典型的建筑或灰色调原则。

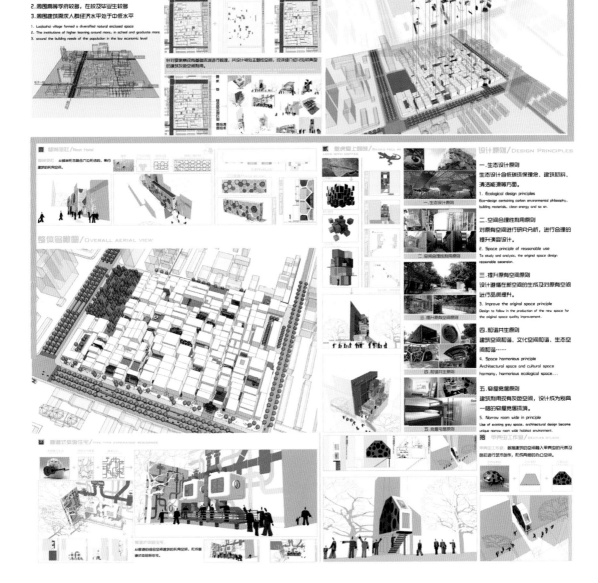

蜜蜂酒店/Nest Hotel

从蜂巢形态离合门形式结构，集约建筑的实用空间。

整体鸟瞰图/Overall aerial view

整体平上鸟瞰/Bamboo yard M
LOVE WITH COFFEE

设计原则/Design Principles

一. 生态设计原则
生态设计含低碳环保理念，建筑材料，清洁能源等万面。
1. Ecological design principles
Eco-design containing carbon environmental philosophy, building materials, clean energy and so on.

二. 空间合理性利用原则
对原有空间进行研究分析，进行合理的提升演变设计。
2. Space principle of reasonable use
To study and analysis, the original space design reasonable ascension.

三. 提升原有空间原则
设计遵循在新空间的生成及对原有空间进行品质提升。
3. Improve the original space principle
Design to follow in the production of the new space for the original space quality improvement.

四. 和谐共生原则
建筑空间和谐，文化空间和谐，生态空间和谐。
4. Space harmonious principle
Architectural space and cultural space harmony, harmonious ecological space...

五. 窄屋宽屋原则
建筑利用现有灰色空间，设计成为别具一格的窄屋宽屋环境。
5. Narrow room wide in principle
Use of existing grey space, architectural design become unique narrow room wide habitat environment.

蜜源红侯酒住宅/Fan hive experience residence

从蜜源的综合空间建筑的实用空间，别具的蜜源酒体验住宅。

甲壳虫工作室/Beatles studio

甲壳虫工作室，提取建筑的空间融入甲壳虫的元素及形态进行艺术创作，形成特别的办公空间。

蒙 青蛙爱鄙歌歌吧（酒吧） / FROG LOVE TO SING A SONG (BAR)

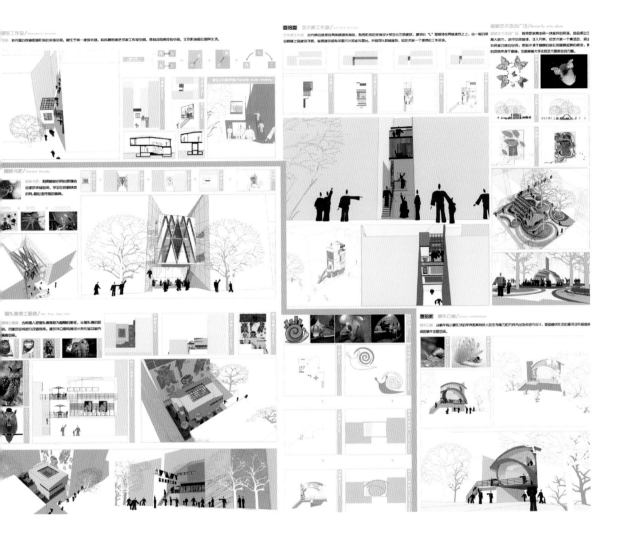

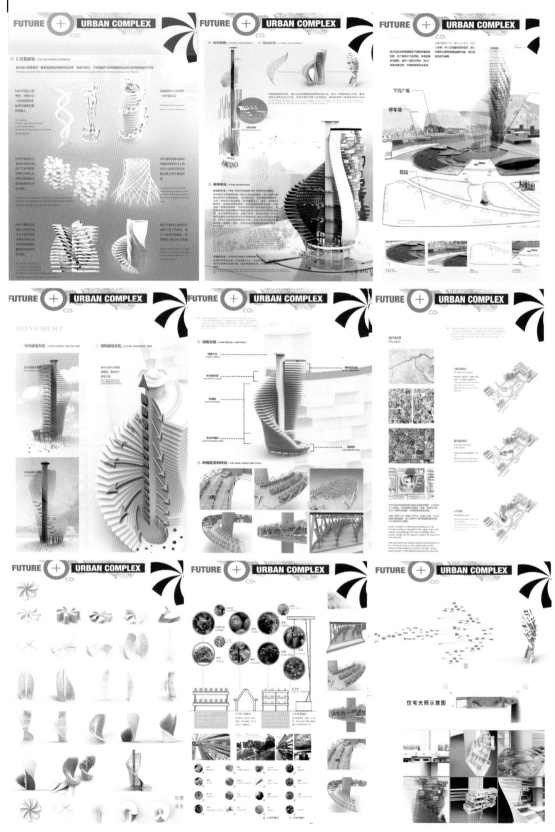

FUTURE + CO_2

URBAN COMPLEX

局部细节
Local details

局部放大图一
Figure 1 partial enlargement

局部放大图二
Figure 2 partial enlargement

局部放大图三
Figure 3 partial enlargement

局部放大图四
Figure 4 partial enlargement

局部放大图五
Figure 5 partial enlargement

LANDSCAPE
ARCHITECTURE
新校区环艺区概念设计
NEW CAMPUS RING ART ZONE CONCEPT DESIGN

60%
SOLAR CELL

**50%LANDSCAPE
+50%ARCHITECTURE**
西安美院新校区环艺区概念设计
XI 'AN ACADEMY OF THE NEW CAMPUS RING ART ZONE CONCEPT DESIGN

◇◇◇
Lorem Ipsum
Dolor sit amet

建筑本体。
设计总思路
解构外力入教学，空
新的诠释基础教的工器
局科计重要。大体格局
进行二期设，一期计
建筑优化重。
纯美的图。

景观建筑小品 Landscape facilities sample

60%
SOLAR CELL

**50%LANDSCAPE
+50%ARCHITECTURE**
西安美院新校区环艺区概念设计
XI 'AN ACADEMY OF THE NEW CAMPUS RING ART ZONE CONCEPT DESIGN

+ 室内观景效果图
INDOOR VIEWING EFFECT CHART

4

大二教室
大二教室位于整个区域的东北方二层的区域，光线充足
视野开阔，景色尽收眼底。
ACCURATE LIGHT, VISION, PANRANIC VIEW

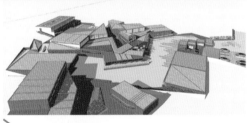

3

1

2

办公室 ffice
办公室空间集中处于整个教学区域的中心方位，办公为两层空间上下
贯通，便于管理学生，为了解决本中心设观景与自然融合的精巧构计设
计了整个区域中枢交通一中庭花园。整个校区的办公空间大部分集中
于此。办公空间属于半开放空间，空间界面多为玻璃材料，周围树木
环绕，置身其中仿佛身于深山幽林。

大四教学楼走廊

前厅廊架
公共空间区域设计多出景观小品
，多为植物搭配小景，亲近自然
使人精神愉悦。诠释自然与人的
相互交流

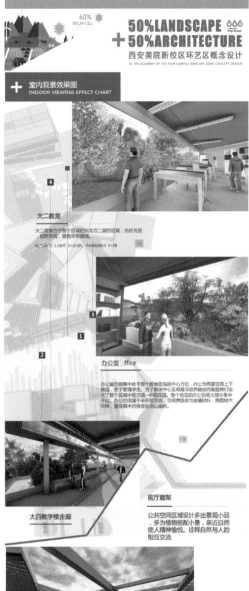

☑ 大四教室

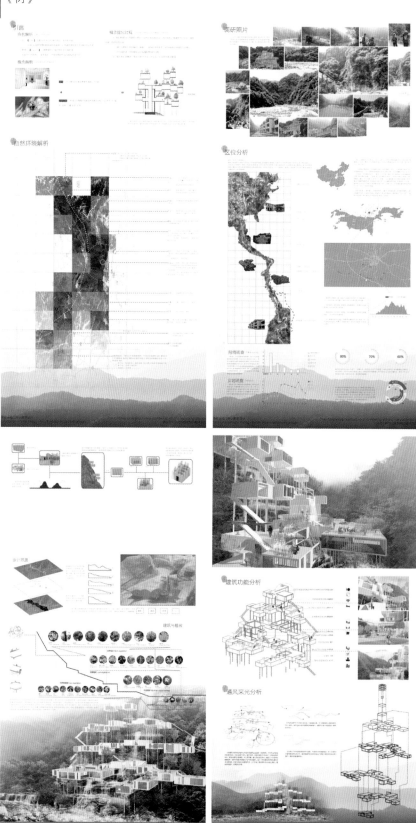

建筑开窗方式

观景形态分析

剖面图

观景角度

蜂巢绿洲区域鸟瞰

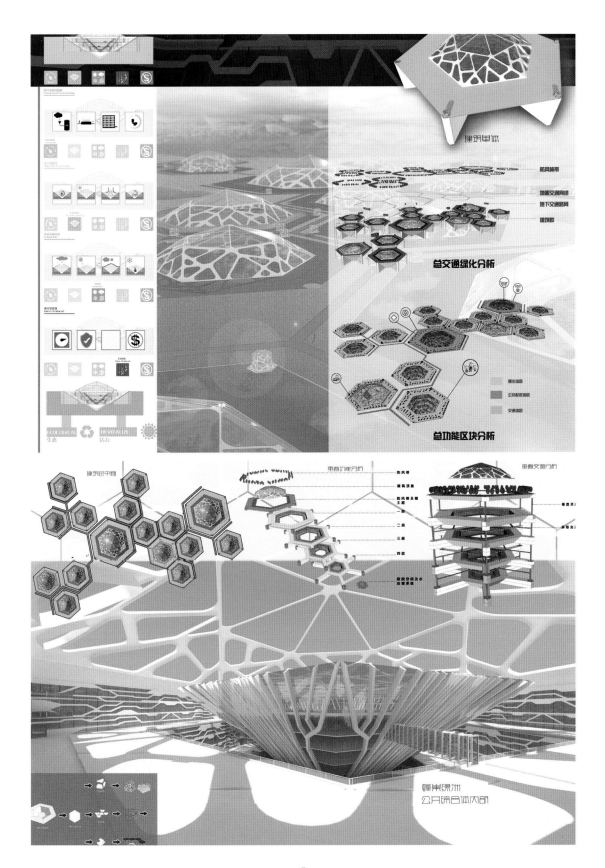

建筑单体

防风林带
地面交通网络
地下交通路网
建筑群

总交通绿化分析

居住组团
公共配套组团
交通组团

总功能区块分析

建筑组平面

单体功能分析

防风带
建筑顶盖
防风带及覆土层
一层
二层
三层
四层

单体交通分析

储藏空间及水处理系统

蜂巢绿洲
公共综合体内部

ECOLOGICAL 生态   REVITALIZE 活力

02 NON-TRADITIONAL MATERIALS RESIDENTIAL MOBILITY
—DESERT RANGER HOUSE

03 NON-TRADITIONAL MATERIALS RESIDENTIAL MOBILITY
—DESERT RANGER HOUSE

坂茂 Shigeru Ban

概念孵化
CONCEPT INCUBATION

方案生成
PROGRAM GENERATION

连接方式

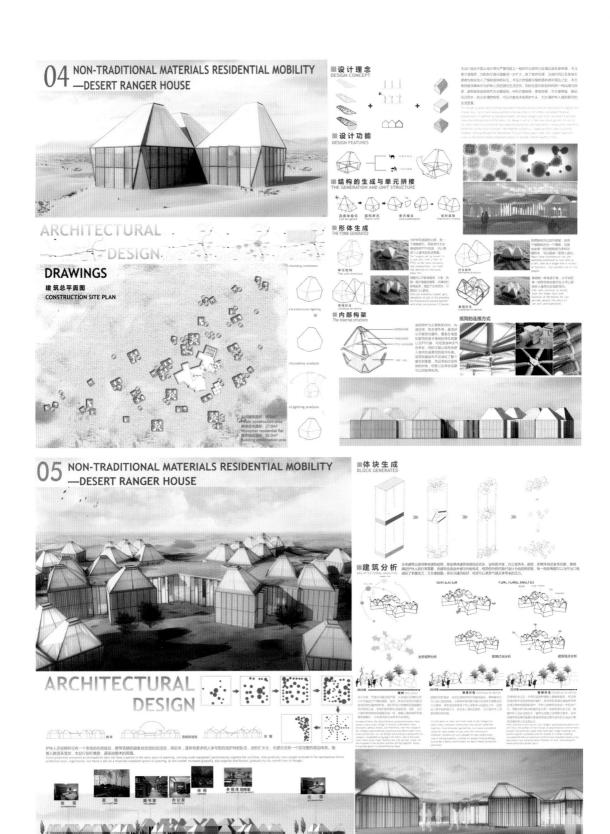

04 NON-TRADITIONAL MATERIALS RESIDENTIAL MOBILITY
—DESERT RANGER HOUSE

ARCHITECTURAL DESIGN

DRAWINGS

建筑总平面图
CONSTRUCTION SITE PLAN

■ 设计理念
DESIGN CONCEPT

■ 设计功能
DESIGN FEATURES

■ 结构的生成与单元拼接
THE GENERATION AND UNIT STRUCTURE

■ 形体生成
THE FORM GENERATED

■ 内部构架
The Internal structure

纸筒的连接方式

05 NON-TRADITIONAL MATERIALS RESIDENTIAL MOBILITY
—DESERT RANGER HOUSE

■ 体块生成
BLOCK GENERATED

■ 建筑分析
ARCHITECTURAL ANALYSIS

ARCHITECTURAL DESIGN

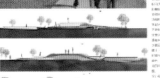

休閒趣味性
行走的空間
INTERESTS OF AMBULATION

行走空間 流暢性
小寨赛格购物广场
AMBULATION SPACES

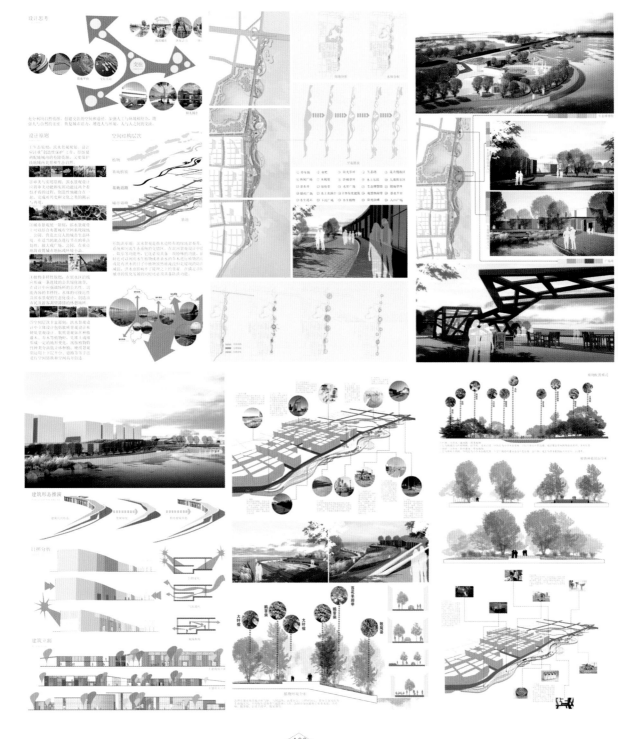

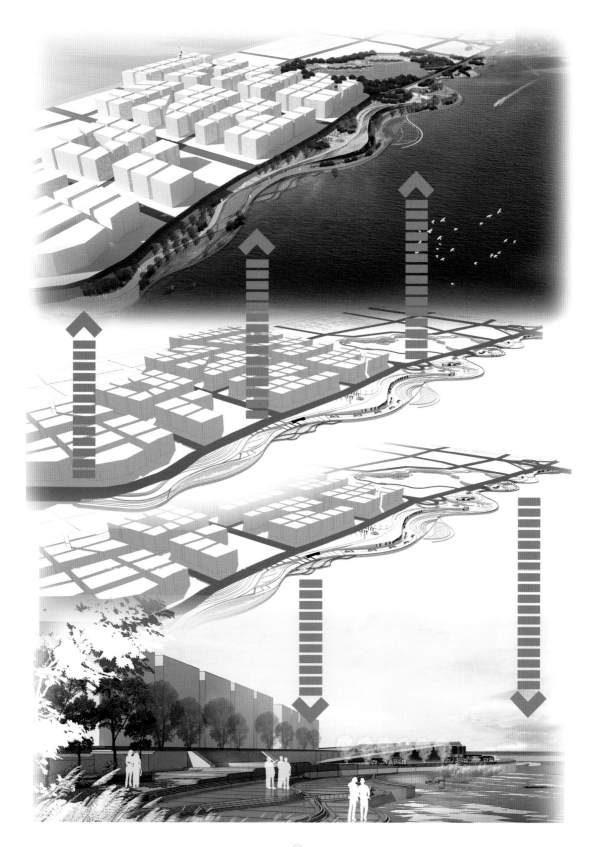

6

效果图展示

整体效果图　　　　　　　餐厅效果图

儿童房效果图　　　　　　厨房效果图

起居室效果图　　　　　　客厅效果图

5·4 垂直绿化

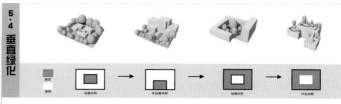

打破传统的庭院包围住宅的形式，将庭院向垂直空间发展，传统的汀步在我们的建筑中则被用于垂直立面的立体交通流线，结合黑川纪章所提出的"环境共生"概念，打破了单一的钢筋混凝土的建筑形式，将植物和建筑相结合，形成一个新的生命体。

5.3 多功能变形家具

多功能吧台

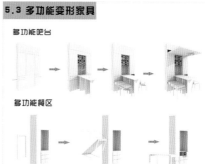

多功能餐区

多功能书柜

多功能沙发

儿童娱乐模式

休闲模式

工作模式

影音模式

三层各个功能空间

多功能集约空间

儿童卧室　儿童书房　起居室　交通卫浴

7

小结

"魔术空间"的营造方式各有千秋，它可以是通过多功能变形家具，以此来达到一个空间中功能的多样化；它也可以是通过挖掘空间中更为隐蔽的空间，达到空间功能的集约化；也可以是在空间中引入高智能操作系统，来提高操作的便捷性；更可以是在空间中利用光影的变化，为居住者营造视觉享受……

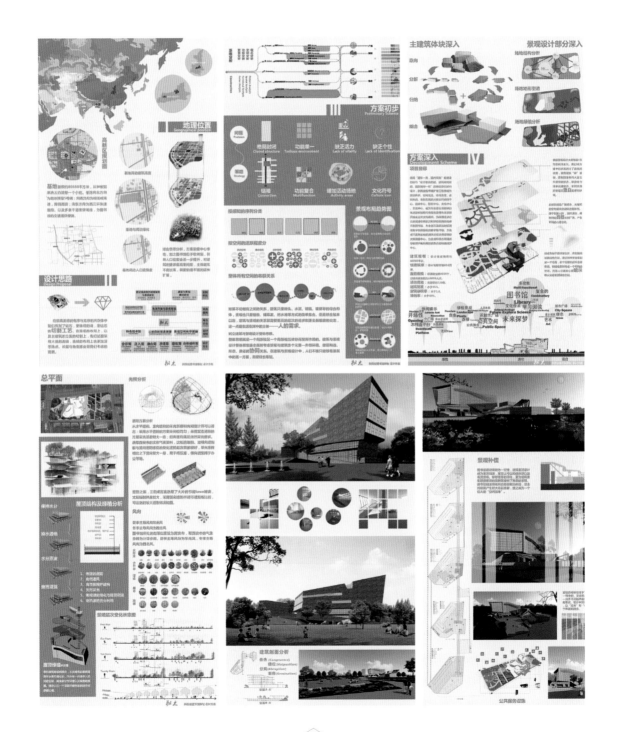

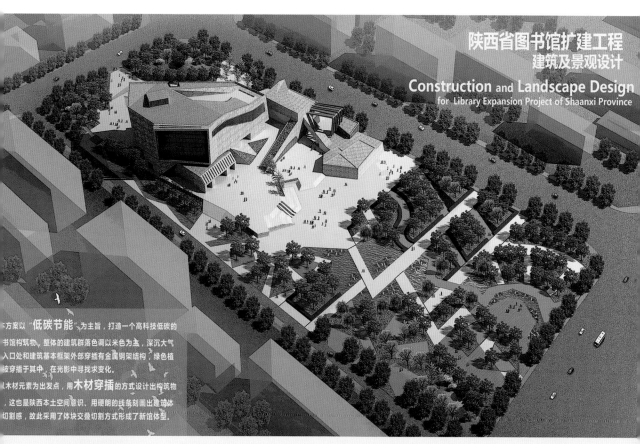

陕西省图书馆扩建工程
建筑及景观设计

Construction and Landscape Design
for Library Expansion Project of Shaanxi Province

方案以"**低碳节能**"为主旨，打造一个高科技低碳的
书馆构筑物。整体的建筑群落色调以米色为**主**，深沉大气
入口处和建筑基本框架外部穿插有金鹰钢架结构，绿色植
被穿插于其中，在光影中寻求变化。

木材元素为出发点，用**木材穿插**的方式设计出构筑物
，这也是陕西本土空间意识、用硬朗的线条刻画出建筑体
切割感，故此采用了体块交叠切割方式形成了新馆体型。

果图展示
pression Drawing V

主体建筑的拆解

　　建筑主体外立面将木块以
凹凸方式体现，凸显陕西历史
文化之沧桑厚重与博大精深，
用于新馆的建筑立面激励肌理
之上，以体现省图书馆鲜明的
时代感与文化气息。

东立面

西立面

南立面

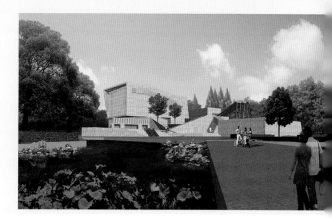

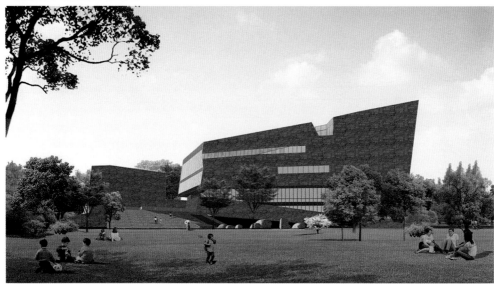

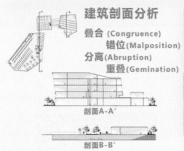

建筑剖面分析

叠合 (Congruence)
错位 (Malposition)
分离 (Abruption)
重叠 (Gemination)

剖面A-A'

剖面B-B'

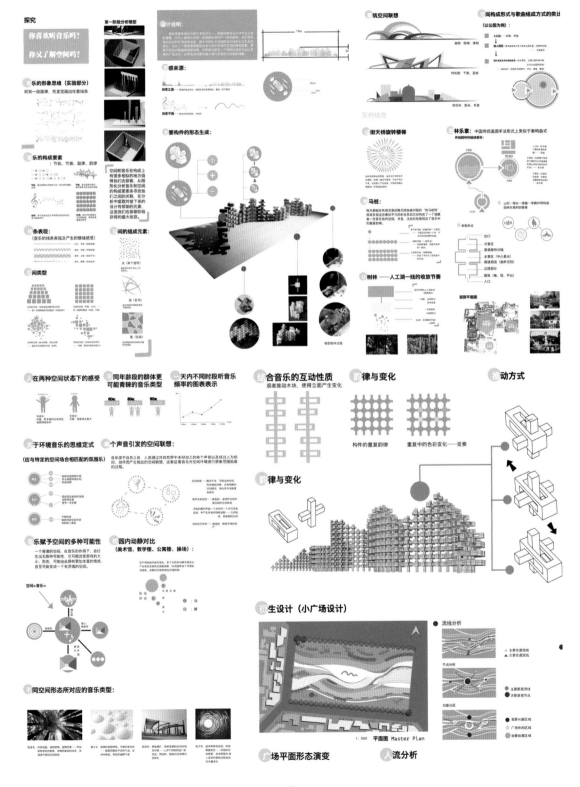

从对空间和音乐之间的
联系着手，经过分析和
探索，最终设计出这个景
观装置。希望将获得的元素
加入我们的设计之中，从音
乐的节奏韵律到空间的基本元
素，从音乐的流动性到空的连
续性等，揭示了他们之间密不
可分的关系。希望通过这次设计
能够使我们更加关注生活中简
单而有趣的东西。即便是我们
随手可以获得的。也在这次的
设计中运用了很多图形元素进
行分析，体会到不同设计门
类之间的共通性。最终设计
服务于人，通过这个装置，
让我们更多关注人的体验。

● 景观节点设计

广场景观墙设计，绿色植物覆盖，产生交错韵律。

阶梯式景观小节点，植被交错种植

效果图 Rendering 1

示意图

● 地形分析

纵向上的设计也采用起伏的方式。

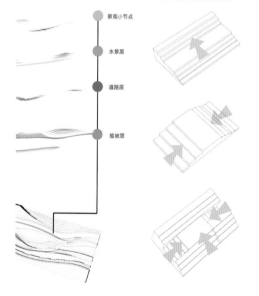

景观小节点

水景层

道路层

植被层

效果图 Rendering 2

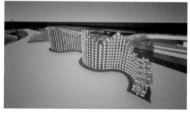

处于广场的中心位置，
占据了最好的观察点。
白天在太阳光的照射之
下出现不同的光影的变
化。在观者推动之后又
会产生新的造型和光影
上的变化。

效果图（白天）

夜间没有了灯光的照射，
但在装置自身安装光源的
前提下能够在黑夜中呈现
出一条光带，在推动时，
可以变换不同的色彩，使
得装置在夜间也能提供观
赏和互动。

效果图（夜间）

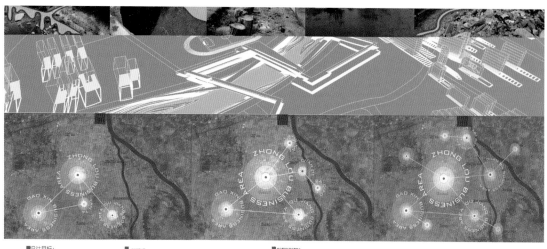

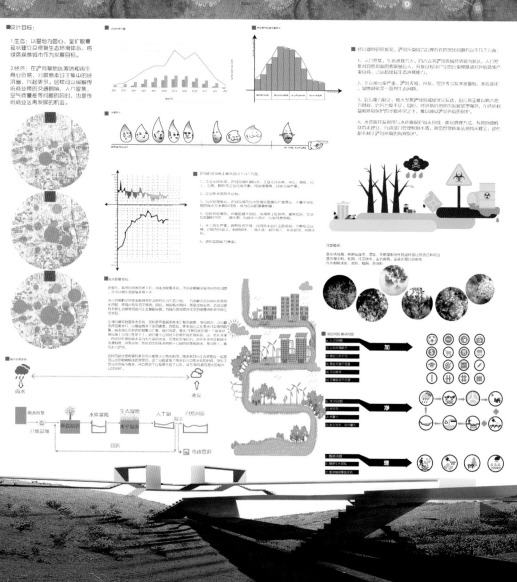

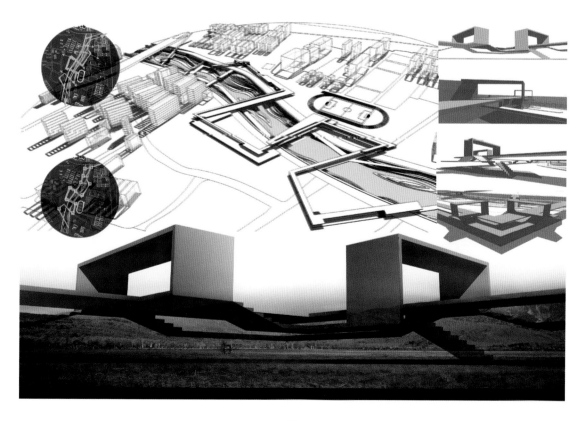

院领导参观

各界嘉宾、环艺系老师参观

环艺系教研会

图书在版编目（CIP）数据

心·视·界 毕业设计教学实践与思考/周维娜，
周靓，李媛编著.—北京：中国建筑工业出版社，
2016.3
（西安美术学院建筑环艺系教学成果丛书．新环境
新意识 新设计 ）
ISBN 978-7-112-19200-7

Ⅰ．①心… Ⅱ．①周… ②周… ③李…
Ⅲ．①建筑设计—环境设计—作品集—中国—现
代 Ⅳ．① TU-856

中国版本图书馆CIP数据核字（2016）第040032号

责任编辑：唐 旭 吴 佳
责任校对：陈晶晶 张 颖
书籍设计：席佳斌 张琳玉

西安美术学院建筑环艺系教学成果丛书
新环境 新意识 新设计
心·视·界
毕业设计教学实践与思考
周维娜 周靓 李媛 编著
*
中国建筑工业出版社出版、发行（北京西郊百万庄）
各地新华书店、建筑书店经销
北京盛通印刷股份有限公司印刷
*
开本：787×1092毫米 1/16 印张：11½ 字数：250千字
2016年4月第一版 2016年4月第一次印刷
定价：98.00元
ISBN 978-7-112-19200-7
（28309）